"十四五"职业教育国家规划教材

中

本教材第二版曾获首届全国教

C YUYAN CHENGXU SHEJI JICHU

# C语言程序设计基础

（第3版）


■ 主 编 黄文胜

■ 参 编 杨 海 王 隽

重庆大学出版社

## 内容提要

本书针对职业教育的特点，突出以学生为中心的教育理念，通过“模块—任务—活动”的模式，注重培养学生的创新能力、实践能力和自学能力。本书共分为5部分，每部分由若干个模块组成，主要内容包括：初逢C语言、控制程序执行流程、复合数据对象、实现程序模块化、实施数据持久化存储等。本书侧重于上机调试能力的培养，并通过上机调试结果来掌握相关知识。

全书各模块后配有课后评估的内容，让学生对所学内容能自己评估。

本书适合于中等职业学校计算机专业以及相关专业使用，也可作为计算机爱好者的参考书。

**图书在版编目（CIP）数据**

C语言程序设计基础 / 黄文胜主编. -- 3版.
重庆 : 重庆大学出版社, 2025. 6. -- (中等职业教育计算机专业系列教材). -- ISBN 978-7-5689-5304-7

Ⅰ. TP312.8

中国国家版本馆CIP数据核字第2025AL2418号

中等职业教育计算机专业系列教材
C语言程序设计基础
（第3版）
主　编　黄文胜
责任编辑：陈一柳　　版式设计：陈一柳
责任校对：关德强　　责任印制：赵　晟

*

重庆大学出版社出版发行
社址：重庆市沙坪坝区大学城西路21号
邮编：401331
电话：（023）88617190　88617185（中小学）
传真：（023）88617186　88617166
网址：http://www.cqup.com.cn
邮箱：fxk@cqup.com.cn（营销中心）
全国新华书店经销
重庆正文印务有限公司印刷

*

开本：787mm×1092mm　1/16　印张：17　字数：405千
2016年2月第1版　2025年6月第3版　2025年6月第1次印刷（总第25次印刷）
ISBN 978-7-5689-5304-7　定价：43.00元

---

进入21世纪，随着计算机科学技术的普及和发展加快，社会各行业的建设和发展对计算机技术的要求越来越高，计算机已成为各行各业不可缺少的基本工具之一。在今天，计算机技术的使用和发展，对计算机技术人才的培养提出了更高的要求，培养能够适应现代化建设需求的、能掌握计算机技术的高素质技能型人才，已成为职业教育人才培养的重要内容。

按照“以就业为导向”的办学方向，根据教育部中等职业教育人才培养的目标要求，结合社会行业对计算机技术操作型人才的需要，我们在调查、总结前些年计算机应用型专业人才培养经验的基础上，重新对计算机专业的课程设置进行了调整，进一步突出专业教学内容的针对性和实效性，重视对学生计算机基础知识的教学和对计算机技术操作能力的培养，使培养出来的人才能真正满足社会行业的需要。为进一步提高教学的质量，我们专门组织了有丰富教学经验的教师和有实践经验的行业专家，重新编写了这套中等职业学校计算机专业教材。

本套教材编写采用了新的教育思想、教学观念，遵循的编写原则是“拓宽基础、突出实用、注重发展”。为满足学生对计算机技术学习的需求，力求使教材突出以下几个主要特点：一是体现以学生为本，针对目前职业学校学生学习的实际情况，按照学生对专业知识和技能学习的要求，教材在编写中注重语言表述的通俗性，以任务驱动的方式组织教材内容，以服务学生为宗旨，突出学生对知识和技能学习的主体性；二是强调教材的互动性，根据学生对知识接受的过程特点，重视对学生探究能力的培养，教材编写采用了以活动为主线的方式进行，把学与教有机结合，增加学生的学习兴趣，让学生在教师的帮助下，通过对活动的学习而掌握计算机技术的知识和操作的能力；三是重视教材的“精、用、新”，根据各行各业对计算机技术使用的需要，在教材内容的选择上，做到“精选、实用、新颖”，特别注意反映计算机的新知识、新技术、新水平、新趋势的发展，使所学的计算机知识和技能与行业需要相结合；四是编写的体例和栏目设置新颖，易受到中职学生的喜爱。这套教材实用性和操作性较强，能满足中等职业学校计算机专业人才培养目标的要求，也能满足学生对计算机专业技术学习的不同需要。

为了便于组织教学，我们将根据计算机专业技术发展的要求和教学的实际需要，研究开发出与教材配套的有关教学资源材料供大家参考和使用，进一步提高教学的实效性。希望重新推出的这套教材能受到广大师生喜欢，为职业学校计算机专业的发展作出贡献。

中等职业教育计算机专业系列教材编写组

# 序言

程序设计是中等职业教育电子与信息大类大多数专业的专业核心课程，也是IT技术从业人员的必备技能之一，程序设计必须基于一种编程语言才能实现。C语言则是当代最优秀的程序设计语言之一，它简洁、灵活，移植性好，表达能力强，是介于汇编语言和高级语言之间的一种通用的、模块化编程语言，它可直接操纵硬件，程序代码效率高，广泛用于系统软件、嵌入式应用程序开发，深受程序员的欢迎。另外，现代一些优秀的编程语言，如Java、C++、C#、Python、PHP、JavaScript等都深受C语言的影响，有了C语言基础后，再转换使用其他编程语言来编写程序将变得相当轻松。C语言不但功能强大，是软件开放领域广泛使用的编程语言，而且简单易学，是软件工程师最理想的起步语言。

中等职业教育正全方位切入高质量发展之路，教学质量的水平则是内涵发展的重要内容。中等职业教育形成了“以学生为中心、以能力为本位”的职业教育理念，全面实践能力本位课堂教学模式，让学生在“做中学，学以致用”。在编写过程中，我们借鉴吸取了“行动导向”教学法中的先进理念，全书以“引导文”教学法的思想组织教学内容，使教材的内容组织形式新颖、逻辑合理，教材内容展现形式也更加简明、准确。教材在结构规划、内容组织、文字编撰等工作中都始终坚持以人为本的原则，以体现中等职业电子与信息类学生在素养、知识和能力方面的基本要求。为适应现代信息技术环境下，中等职业电子与信息类专业程序设计课程教学的新要求，我们在教材中增加了“源代码”“延伸阅读”“拓展训练”“行业应用”等可随时通过互联网获取的学习材料，以帮助学习者有效学习。

教材内容参考C99、C11、C17标准，引入新标准的要求，摒弃旧标准中不建议使用的技术，并忽略了具体C语言开发工具的特点和缺陷，突出基础性和实践中的应用性，注重程序设计编码规范和方法。教材内容由初逢C语言、控制程序执行流程、复合数据对象、实现程序模块化、实施数据持久化存储5个部分组成。

第1部分 初逢C语言 介绍了C语言程序的基本结构、基本数据对象及运算、数据的输入输出、编写程序一般方法和编译运行程序的方法。

第2部分 控制程序执行流程 介绍顺序、分支和循环3种基本流程结构的实现方法，并实践编写程序一般方法。

第3部分 复合数据对象 介绍数组、结构型的定义以及依赖数组和结构型构成的数据结构上的常用算法实现。

第4部分 实现程序模块化 介绍C语言模块工具——函数的定义、声明和调用以及使用函数构建复杂程序的方法。

第5部分 实施数据持久化存储 介绍了建立和读写磁盘文件的基本方法。

**使用本书的条件**

你需要一台当下配置的笔记本电脑或台式计算机，操作系统Linux/Unix、Windows或OS X的当前版本；编译器应支持到C17标准，建议使用开源GCC的最新版本，Windows系统下可使用minGW-GCC的新版；为方便编写运行程序，你需要一款适合C语言的集成开发环境工具，建议使用开源的Code::Blocks。本书源代码均在Code::Blocks20.03和minGW-GCC14.1组成的环境下通过编译。

**本书采用的语法约定**

[const] <类型标识符> <变量名>[=<表达式>]> [,…];

定义变量的一般格式中用到了通行的语法提示符，其中：

< >：表示使用时必须根据需要自行提供具体内容；

[ ]：表示可选项；

|：表示任选其中一项；

…：表示可重复前项；

没有< >和[ ]包围的项，请原样保留，如例中的“=、,、;”等。

**如何使用本书教学**

教材内容安排顺序和呈现形式融入“以学生为中心”的教育理念，教师应是学生学习的组织者、参与者和引领者，要放手让学生去自主探究、发现知识和应用知识，使学生全面参与教学活动，让他们不仅获得C语言程序设计的基础知识和基本技能的专业能力，更重要的是培养学生在社会、语言、方法、学习和自我管理等方面的完整职业行动能力。以下建议供教师参考：

1. 本教材适用于在理实一体化教学环境中开展教学活动，上机环节要求学生手工输入书中的例程代码，如此可极大地帮助学生记忆语言知识和提高实践能力。

2. 教师应尽可能按教材设计的意图，为学生提供上机实验、记录分析实验数据、归纳获得知识和培养操作技能的机会。把学习的主动权交给学生，还原获得知识的过程，让学生通过活动自主发现知识和发展完整职业能力。

3. “日积月累”归纳了前面学习活动涉及的知识，可作为教学参考，应在学生充分活动之后，引导学生去阅读其中的内容。

4. “眼下留神”点出了学习和应用中可能出现的常见认知偏差，也有相关的经验或技巧介绍，能为学习过程提供有效的帮助。

5. “实践演练”提供了针对性的练习，供学生检查、评估学习效果。

6. 每个模块后附的能力评价表可供学生自查学习情况，也为教师提供教学反馈素材。

7. 在重庆大学出版社的网站（www.cqup.com.cn）上提供了本教材的教学辅助资源，可以免费下载并可进行修改以便用于你的教学中。

本书由黄文胜主编，第一、三、四部分由黄文胜编写，第二部分由杨海编写，第五部分由黄文胜与王隽合作编写。在编写过程中坚守严谨科学的态度，但仍不能完全保证书中不出现失误，我们将虚心接受您的批评并感谢您的指正。

编　者

2024年7月

C YUYAN CHENGXU
SHEJI JICHU

# MULU

# 目录

NO.1

# 初逢C语言

C语言自1972年问世以来，以其简洁的表达、高效的实现，以无可辩驳的优势席卷整个软件开发领域，深得程序员的喜爱。他们这样评价C语言："除了汇编语言，C语言是最方便的计算机编程语言，它脱离具体的机器，便于移植，编程灵活、效率高。"因此，C语言是学习程序设计最理想的起步语言。同时，它又是功能强大的语言，从设备驱动程序到操作系统，再到大型应用软件，没有它不能胜任的领域。在面对嵌入式、移动开发、物联网应用、人工智能和大数据应用开发有着得天独厚的优势。C语言在软件开发领域的强大实力让它一直占据TIOBE编程语言指数榜单前列。C语言当之无愧成了IT开发人员的必学编程语言。

## 本部分内容涵盖：

- C语言程序的结构
- C语言支持的基本数据类型
- C语言实现的数据运算
- C语言程序中数据的输入/输出
- 程序设计方法与算法的表示
- 基本程序流程结构

# 模块一 / C语言程序的结构

每种编程语言的程序都有自己独有的组成结构。在编写C语言程序时，则必须遵守C语言的语法要求。本模块为大家介绍C语言源程序结构的特性，在 C 语言程序中使用的字符集，以及如何在Code::Blocks集成开发环境中快速编辑、编译、链接并运行C语言程序。学习完本模块后，你将能够：

+ 描述C语言源程序的组成及结构特征；
+ 在编写C语言程序时使用合法的字符；
+ 正确命名程序对象的标识符；
+ 在Code::Blocks中编写并运行C语言程序。

NO.1 ［任务一］

# 考查并描述C语言源程序的组成

1.下面的程序是完全按照C语言的标准语法规则和书写规范编写而成。该程序实现从键盘输入两个整数a和b，然后输出两数之和的功能。请仔细观察并借助说明阅读程序，然后分析程序的结构和组成，按要求完成程序后的填空。

```
/*
    P1.1.1是一个按C语言标准语法和代码编排规范写成的一个示例程序。
    你可以按任务三中介绍的方法在集成开发环境Code::Blocks中运行本程序。
*/
#include  <stdio.h>                 //预处理命令
int main(int argc, char *argv[])    //函数头，包含函数类型、函数名、参数等原型信息
{                                   //函数体开始括号
    int a,b,s;                      //定义3个整型变量a、b、s
    printf("输入两个整数a，b\n");    //输出提示信息
    scanf("%d%d",&a,&b);            //输入2个整数a、b，用空格分隔两数
    s=a+b;                          //计算a、b的和并将其存入变量s中
    printf("a+b=%d\n",s);           //输出变量s的值
    return 0;                       //返回函数执行后的结果
}                                   //函数体结束括号
```

（1）根据程序中的说明标出程序代码中的函数头和函数体。

（2）函数是____________________，由__________和__________组成。

（3）观察程序中的程序行，你能发现它们在书写格式上有什么不同？

________________________________________

（4）函数体中以__________结束的程序行被称为__________，它能让计算机执行某一特定的操作。

（5）说一说函数头为我们提供了哪些信息？函数体由什么组成？有什么格式上的要求？

________________________________________

（6）程序代码中由/*…*/括起来的文段和由//引导的文句起__________作用，它们对程序的运行有何影响？

________________________________________

2.分析下面的程序，它实现了输入2个整数a、b，然后输出其中较大数的功能。回答其后相关的问题。

```
/*  P1.1.2 ——多函数组成的程序        */
#include"stdio.h"
int main(void)                    //void表示函数执行时不需要从外面接收任何数据
{
    int a,b,m;
   scanf("%d%d",&a,&b);
   m=max(a,b);                    //调用max函数的功能
   printf("max=%d\n",m);
   return 0;
}
int max(int x,  int y)            //max函数执行时需要从外面接收两个整数
{   int  t;
    if(x>y)
       t=x;
    else
       t=y;
    return  t;                    //返回max函数执行后的结果
}
```

（1）用框线标出程序中的函数及它们的函数头和函数体。

（2）对程序中函数的函数头进行比较，并写出比较的结果。

______________________________

（3）max函数的函数体中的语句行没有对齐，你认为这样好吗?

______________________________

（4）在已经看过的C语言程序中似乎都有一个名为main的函数，它是C语言程序必须有的函数吗？它对在程序中先后位置有没有特别要求？请设计一个实验方案来验证你的分析结果，必要时请教有C语言程序经验的软件工程师或教师为你提供帮助。

______________________________

______________________________

## 眼下留神

C YUYAN CHENGXU SHEJI JICHU
YANXIA LIUSHEN

- 在C语言程序中，/*…*/是块注释符，它用于标志注释的开始和结束。注释可以增强程序的可读性，它不影响程序语句的执行。在程序中添加简洁、清晰的注释是一种良好的编程习惯。
- C语言程序还可用//引导的单行注释，它可以单独占一行或置于语句之后。
- 在调试程序时，可以把暂时不需要执行的语句放在/*…*/之中，或//之后，C语言编译器不会对注释中的任何内容进行编译，需要时只需删除注释符即可。
- #include <stdio.h>是预处理指令，不是C语言的语句。本条预处理指令的作用是允许在程序中使用标准的输入/输出库函数，如scanf()用于输入数据、printf()用于输出数据。

3.根据你对C语言程序的认识和理解，回答下表中提出的问题。

（1）C语言程序是由__________组成的，它的数目可以有________个。

（2）在C语言程序中，__________（是/不是）必须有一个函数名为main的函数。例程P1.1.2中main函数后的小括号（ ）中为void，表示函数执行时不从外面接收任何数据，那么函数名后的小括号__________（可以/不可以）省略。

（3）C语言程序中的语句用__________结束，你认为在一个程序行上可以写_______个语句，一个C语言语句______________（能/不能）写在多个程序行上。

4.现在你对C语言程序组成结构和C语言语句有了足够的见识，请观察并分析下面的程序在书写上格式上存在什么问题，回答表中提出的问题。

```
/*
     P1.1.3  ——是一个有些地方不符合C语言标准的程序。
     本程序欲实现输入圆的半径后，能计算并输出圆的面积和周长。
*/
#include"stdio.h"
#define PI 3.14
float area_of_circle(float r);
{  float s;
   s=PI*r*r;
   return s;
}
float girth_of_circle(float r)
     float c;
```

```
    c=2*PI*r;
    return c;
}
int main(void)
{   float cs cc radius;
    scanf("%f",&radius)
    cs=area_of_circle(radius);
    cc=girth_of_circle(radius);
    printf("圆的面积是：%f,圆的周长是：%f\n",cs,cc);
    return 0;
}
```

请在程序中标出你认为有问题的地方，并指出在书写程序时要特别注意的事项。

______________________________________________________________________

______________________________________________________________________

## 日积月累

C YUYAN CHENGXU SHEJI JICHU RIJIYUELEI

- 函数是具有特定格式要求的，实现了某种功能的程序段。函数由函数头和函数体两部分组成。函数头提供了识别函数的原型信息，包括返回值类型、函数名、参数个数及类型。函数体由一对大括号“{}”围起来的实现了函数功能的语句序列组成。
- 无论函数是否需要参数，函数的名称后必须跟有一对小括号“()”。在大多数情况下小括号可视为识别一个名称所指是否是函数的标志。
- 函数是C语言程序中独立的功能模块。在程序中，函数程序段之间是相互独立的，换句话说，不可以在一个函数体中出现另一个函数的程序段。函数在程序中的先后位置不影响函数的功能。
- 函数是C语言程序的基本单位。C语言程序是由一个或多个函数组成的，其中有且仅有一个名为main的函数。
- 语句是指示计算机执行某一操作的命令。C语言要求语句以分号“；”结束。C语言以分号来识别一个语句是否结束而不是自然的程序行。因此，可以在一个程序行上写多个语句，一个语句也可以写在多个程序行上。但一个语句不可在字符串（由双引号界定的文字序列）中间断开换行，前后双引号必须位于同一行上。

NO.2 [ 任务二 ]

# 分析C语言程序的组成元素

1.请观察并分析下面程序中用到了哪些字符（你现在不必读懂这个程序），然后回答表中提出的问题。

```
/*  p1.1.4  ——示例程序中展示了可能用到的各种类型的字符      */
#include  <stdio.h>
int main(void)
{
    int times15;
    float sum_of_num=0,fvar;
    times15=1;
    while(times15<=5)
    {
        scanf("%f",&fvar); if(fvar>0)
        sum_of_num+=fvar;
        times15++;
    }
    printf("输入的数中大于0的数之和是：%f",sum_of_num);
}
```

（1）根据你已有的经验分类列出程序中使用到的字符类型，完成下面的统计表。

C语言可用字符统计表

| 字符类别 | 程序中的字符举例 | 所属字符集合 |
|---|---|---|
| | | |
| | | |
| | | |
| | | |

（2）如果要编写国际化的程序，能使用其他语言中的字符或文字吗？谈一谈你的思考并与专业的软件工程人员交流。

2.在程序中用命令来表示计算机要执行的操作，通过调用函数来完成所需的功能，使用变量来临时存储待处理的数据。命令、函数和变量等都是组成程序的基本对象，每一个程序对象都需要一个名字来标识，这个名称是由可用字符组成的字符序列。程序对象的名称也称为标识符（identifier）。请列出上面程序中程序对象的标识符，试按标识符所表示的程序对象的不同进行分类，然后回答表中提出的问题。

| 程序对象 | 标识符 |
| --- | --- |
| | |
| | |
| | |
| | |
| （1）标识符是______________________。 | |
| （2）标识符的作用是______________________。 | |

**眼下留神**

C YUYAN CHENGXU SHEJI JICHU
YANXIA LIUSHEN

- 标识符使用的字符必须是纯英文字符（或称半角英文字符），不能使用全角英文字符。在中文环境下要特别注意，避免在中文输入状态下编辑程序。
- 在C语言程序中，标识符分为用户自定义标识符和系统标识符。
- 用户自定义标识符是指在程序中由程序员为变量、函数、数组等程序对象自行命名的标识符；系统标识符是C语言编译系统内部预定义用于表示命令、数据类型的标识符，又称为保留字。

3.请用下面程序通过上机实验来探究用户自定义标识符的命名规则。

由于需要用到C语言程序的开发工具Code::Blocks，你需要提前参考本模块任务三中的相关介绍或在有经验的使用者帮助下完成。验证有关标识符的命名规则时，仅需要修改int后面的count为你所命名的标识符，然后执行Code::Blocks的菜单命令“构建”→“编译当前文件”，观察是否出现错误提示信息来判断你的标识符是否合规，并回答下表中提出的问题。

```
/* p1.1.5 ——仅用于验证标识符的合规性，它没有任何其他实际功能      */
#include   <stdio.h>
int main(void)
{
     int  count;
```

```
        return 0;
    }
```

（1）对下列问题进行实验和讨论

①标识符中允许使用的字符有哪些？请尝试在标识符中使用数字、字母、各种符号（包括标点符号、数学上用过的运算符号和其他符号）和汉字等。

______________________________

②对标识符中的第1个字符有什么特别要求吗？

______________________________

③标识符中区分字母大小写吗？如Fab与fab，它们是相同还是不同的标识符？此项验证你需要在int同时命名两个标识符，请用逗号分隔它俩。

______________________________

④命名标识符时要用多少个字符才恰当？

______________________________

⑤一个标识符可以随意用一些字符构成吗？这样的标识符便于使用吗？

______________________________

⑥保留字可用于用户标识符吗？

○能　　　　　　○不能

（2）归纳标识符的命名规则

______________________________

______________________________

## 日积月累

C YUYAN CHENGXU SHEJI JICHU RIJIYUELEI

1.C语言的基本字符集

- 英文字母：a—z和A—Z
- 阿拉伯数字：0—9
- 其他符号：( )，[ ]，+，-，*，/，%，<，<=，>，>=，==，! =，!，&&，‖，++，--，+=，-=，*=，/=，%=等，它们一般由1~2个符号组成，用作C语言的运算符；还包括空格、换行符、回车符、单双引号、大括号、逗号、分号、反斜线等符号，它们通常在程序中起分隔和定界作用。

2.标识符的定义

标识符是用于标识命令、变量、函数、数组、数据类型等程序对象的名称的字符序列。

3.用户标识符的命名规则

- 组成标识符的合法字符有字母、数字、下画线3种。
- 标识符的第1个字符必须是字母或下画线。
- 保留字不能用作用户标识符，C语言的保留字见附录3。
- 标识符区分字母的大小写，如time，Time，TIME是3个完全不同的标识符。
- 标识符由一个或多个字符组成。C17标准允许使用长的标识符名，但要求编译器只需认识前面63个字符，而忽略63个字符后的字符，而对跨源程序文件使用的标识符的长度则应不超过31个字符。
- 标识符宜选取能反映所标识程序对象的有意义的英文单词（或缩写），做到能表情达意，以提高程序的可读性。
- 标识符的选择应遵循“常用取简，专用取繁”的原则。一般在6个字符以内就能适应大多数应用的需求。

**眼下留神** C YUYAN CHENGXU SHEJI JICHU YANXIA LIUSHEN

- C语言的基本字符都是半角英文字符（即纯西文字符）。C语言的标识符和各种分隔符、表示数据运算的运算符都必须是半角英文字符。
- 在C语言程序中可使用中文字符或其他国家语言中的字符，但只限于在字符串中，用于给出操作提示信息。特别地，C语言中的中文字符不能用于命名标识符。
- 用户标识符的命名规则中前3条用于判定1个用户标识符的合法性，后面4条规则用于校验标识符的可读性和易用性。

［任务三］ NO.3

# 执行一个C语言程序

Code::Blocks是一款开源、跨平台的多语言的集成开发工具。它具有灵活而强大的配置功能，除了C/C++，还支持Python、Fortran、MASM等语言的程序编写与管理。使用它，程序员可以轻松地编辑、编译、链接、运行和调试C语言程序，能满足专业程序员最苛刻的需求。Code::Blocks的最新版安装包可在其官网上下载。在Windows平台上Code::Blocks的安装和标准的Windows程序一样，依照其安装向导的指引就能顺利完成。下面展示了

Windows系统中，在Code::Blocks20.03中编辑、编译、链接、运行一个C语言程序的基本操作。

1.认识Code::Blocks集成开发环境

启动Code::Blocks开发工具，其操作界面如下图所示。这个操作界面使用了它的最简工作界面，启动Code::Blocks后，执行菜单命令“视图”→“界面外观”→“Code::Blocks minimal”，然后执行“视图”→“工具”，选择 “Compiler”和“主栏”两个工具，并执行“视图”→“管理器”打开了左边栏管理工作区。

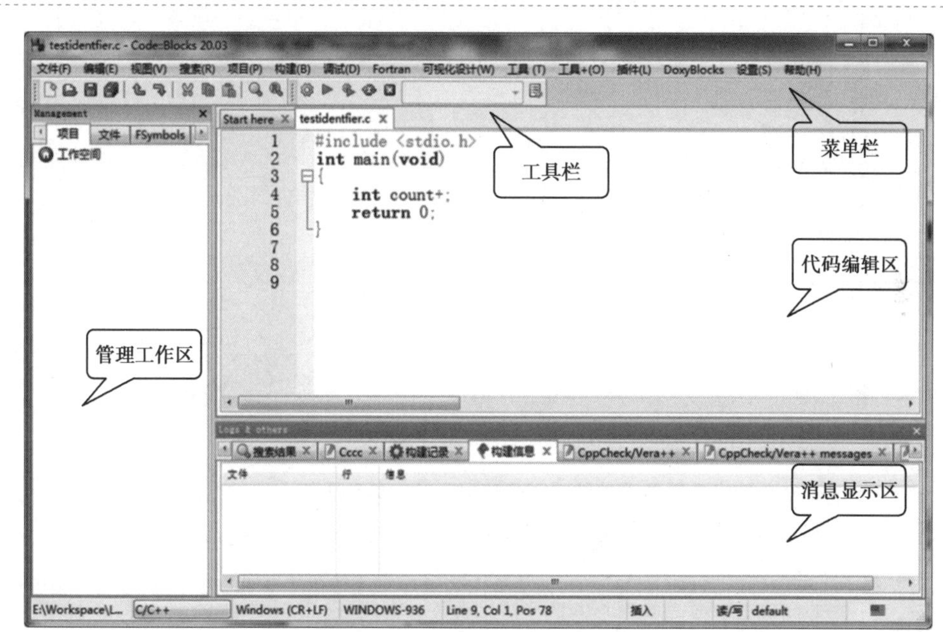


（1）上机体验，试说明Code::Blocks界面布局中各窗口的作用。

________________________________________

（2）试一试打开“文件”和“构建”菜单，你能说出其中的命令能完成哪些工作吗？请记录常用操作的命令对应的快捷键。

________________________________________

（3）把鼠标指向工具栏上图标时，Code::Blocks会显示图标所代表的操作，请据此提示了解常用工具按钮的功能，然后在下面做简明的记录。

________________________________________

2.设置源程序存储时使用的字符编码

Code::Blocks的默认设置几乎可以满足大多数情况下C语言程序开发的需要。为了方便以后处理中文字符的需要，避免中文显示乱码或不能显示的问题，建议C语言程序文件以UTF-8编码保存。执行菜单命令“设置”→“编辑器…”，在打开的对话框选择“编码设置”，然后选择使用编码“UTF-8”，如下图所示。

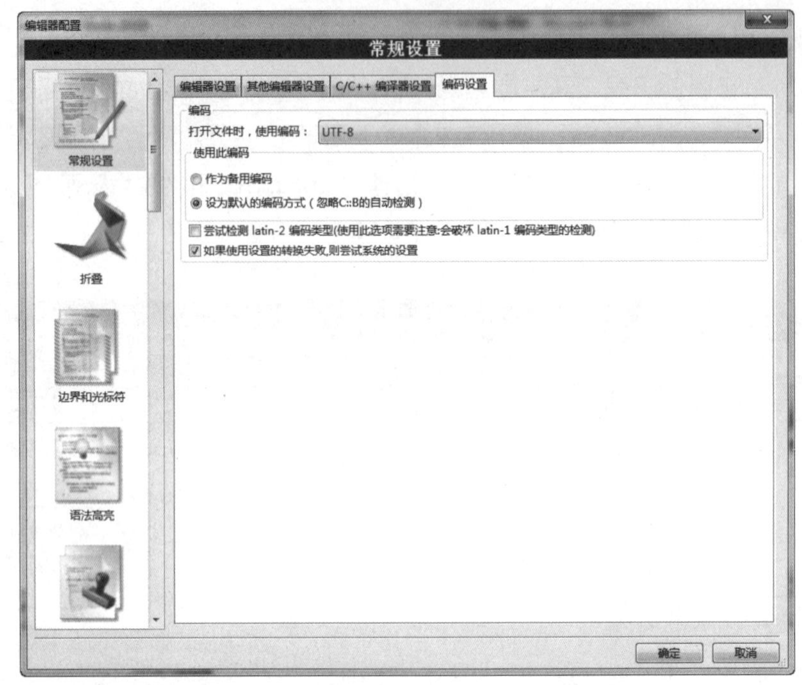


（1）试一试，按你的需要调整编辑区代码显示的字体和大小。

（2）在“设置”菜单下与日常编程工作相关的设置还包括“环境设置”“编译器”“调试器”等，你可以打开看看。Code::Blocks为你的编程工作提供了哪些定制化的设置？如果你不熟悉这些选项，建议你不要随意改变原有的设置。

3.新建与编辑C语言源程序

执行菜单命令“文件”→“新建”或直接单击工具栏上的“新建”工具按钮，然后在弹出的菜单中选择“空白文件”，接着执行“文件”→“保存文件”，在弹出的“保存文件”对话框中输入程序文件名并选择“保存类型”为“c/c++文件”，完成后你可以在源代码编辑区输入并编辑C语言源程序，如下图所示。

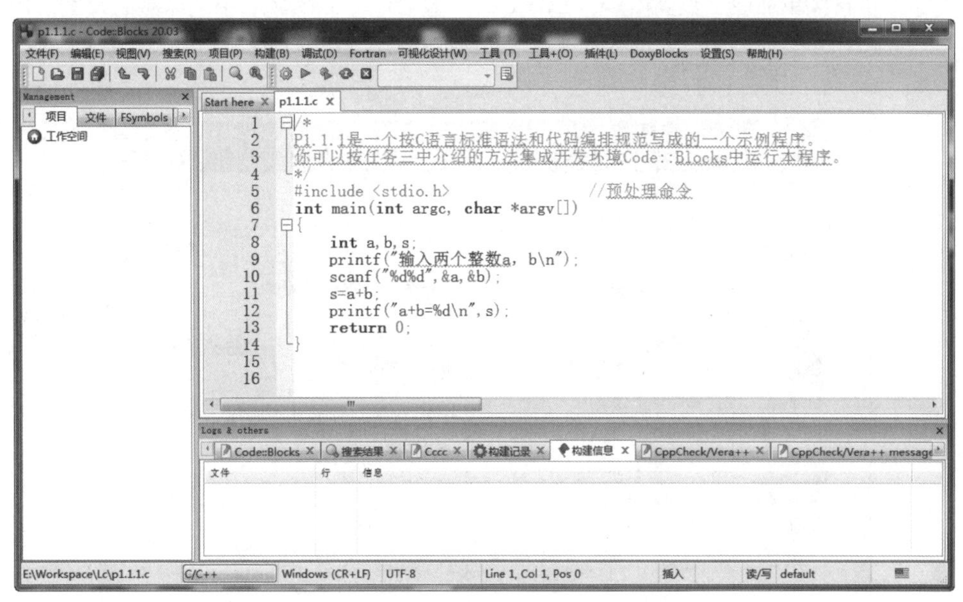

（1）请描述在Code::Blocks编辑区输入源代码时，与在其他编辑器（如记事本、WPS）录入文字相比，你有什么发现?

______________________________

（2）在编辑区中进行代码编写或编辑操作中时，可否借鉴在WPS中编写文档的经验?

______________________________

（3）新建的源程序文件的默认文件名是什么?可以同时编写多个源程序吗?

______________________________

（4）试一试，你在把文件保存为C源程序文件之前和之后，编辑区的行为有何不同?

______________________________

4.配置编译器

在编辑区输入代码生成的程序文件并不能被计算机的CPU识别并执行其中的命令，这种程序文件被称为源程序文件（简称为源文件）。CPU只能识认并执行用二进制数码表示的程序，这就是机器程序，也称为目标程序。不论是用汇编语言（一种采用助记词的与CPU硬件紧密相关的底层编程语言），还是如C/C++、Java、Fortran等高级语言编写的程序，都统称为源程序，源程序必须转换成对应的目标程序才能提交到CPU执行。完成源程序到目标程序的转换需要一个重要的工具，它就是编译器。编译器本身是一套编写程序不可缺少的系统工具软件，它像是一个苛刻的编程教练，可以帮助程序员发现一切语法错误，并督促其修改至无错为止，然后把编写好的源程序转换成对应的目标程序。目标程序虽然是用CPU可识别的二进制代码表示的，但还不能真正执行，因为程序引用了库函数以及其他外部资源，需要把它链接在一起才能生成可执行的程序，而链接器将完成链接的相关工作。执行菜单命令“设置”→“编译器…”查看Code::Blocks中编译器的设置，如下图所示。

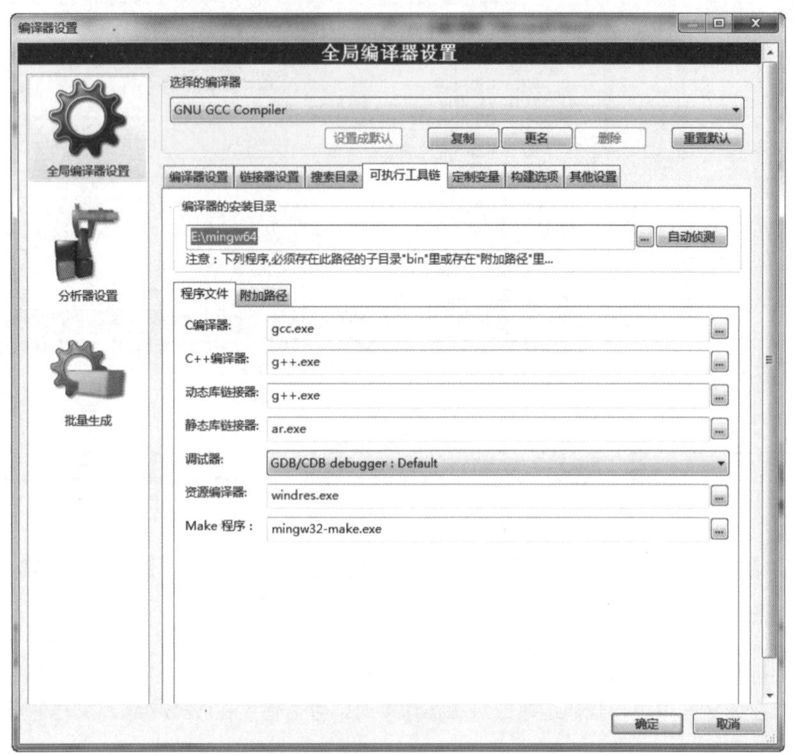


（1）Code::Blocks默认使用的编译器是什么？单击“选择的编译器”下拉列表，看看它还支持哪些种类的编译器？

______________________________

（2）GCC编译器就只是一个编译程序吗？查看上图，你发现它还能做什么？

______________________________

（3）你认为编译器与Code::Blocks是固定集成在一起的，还是在需要时进行绑定的？在Code::Blocks中，编译器可以单独升级吗？

______________________________

（4）在Code::Blocks支持的编译器列表中，可以发现C语言都有不同的编译器，有针对不同的硬件平台和软件平台的多个版本，你知道这是为什么吗？

______________________________

5.构建并运行程序

单击菜单命令“构建”→“构建并运行”或按快捷键“F9”，或直接单击工具栏上的“构建并运行”工具按钮，Code::Blocks调用编译器，链接器自动完成源程序的编译，链接生成可执行程序并运行程序，如下图所示。

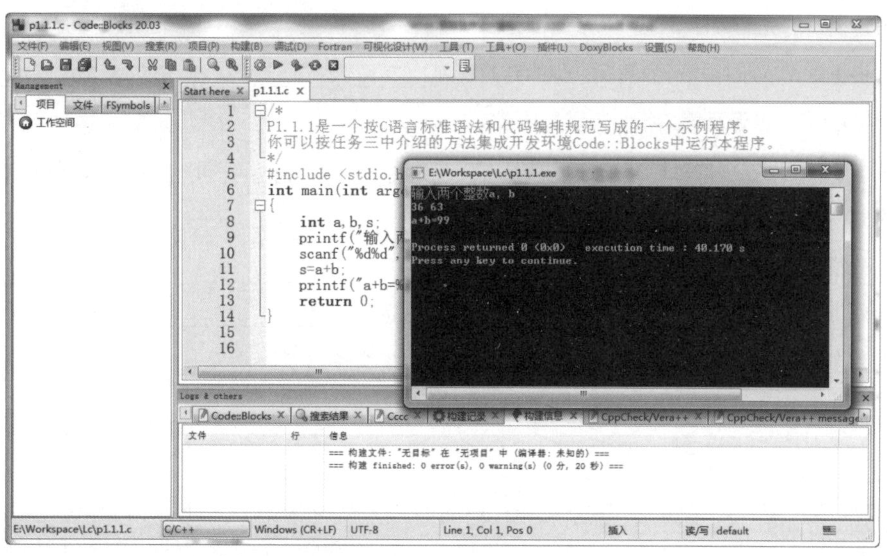

（1）在“构建信息”中有“0 erros(s),0 warning(s)”的字样，你知道它们的意思吗？试一试，删掉其中一个语句的结束分号，重新构建程序，程序正常运行了吗？你在“构建信息”中发现了什么？

______

（2）打开源程序所在的文件目录，看一看其中除了源程序文件，还增加了哪些文件？记录下来，从其文件后缀名能否知道它们是什么类型的文件？

______

（3）试一试“构建”菜单中的命令“构建”“编译当前文件”“运行”“重新构建”，它们分别执行的是什么操作？并记录下它们对应的快捷键。

______

（4）试一试，关闭Code::Blocks集成开发环境，打开Windows的命令窗口，把当前目录切换为保存程序文件的目录，然后输入程序文件名并按回车键。根据观察，你认为生成的程序能否脱离Code::Blocks集成开发环境运行？

______

6. 根据试验结果完成下面的题目

（1）C语言程序从哪里开始执行，又在哪里结束程序？

①在Code::Blocks中新建一个程序文件，输入并运行程序p1.1.2，观察并记录程序语句执行的先后顺序。

②交换程序p1.1.2中“main”和“max”两个函数的位置，执行修改后的程序，仍关注程序语句执行的先后顺序。

根据这两次程序执行的情况，你的结论是：________________________________。

（2）C语言源程序运行的过程是什么?

①C语言源程序的运行要经过________、________、________和________，前面3步生成的文件扩展名分别是________、________、________。

②找出Code::Blocks中常用操作的快捷键。

程序文件存盘：________________　构建并运行：________________

关闭源文件：________________　编译当前文件：________________

运行：________________　构建：________________

## 眼下留神

C YUYAN CHENGXU SHEJI JICHU YANXIA LIUSHEN

- 在熟悉Code::Blocks的使用前，建议保持其默认配置。
- 在编译、链接、运行程序之前，务必正确保存源程序文件。
- C语言程序源代码文件是一个文本文件，原则上可以使用任何文本编辑器进行编辑修改，但在保存时，必须使用单字母c作为源程序文件的后缀名，编译器将通过后缀名来识别文件是否为C语言源程序文件。
- C语言源程序不能被机器直接识别执行，需要经专门的编译器把源程序转换成目标程序，然后通过链接器把目标程序和使用到的库函数预编译代码以及特定操作系统需要的程序启动代码组装在一起生成可执行程序文件。其过程如下所示：

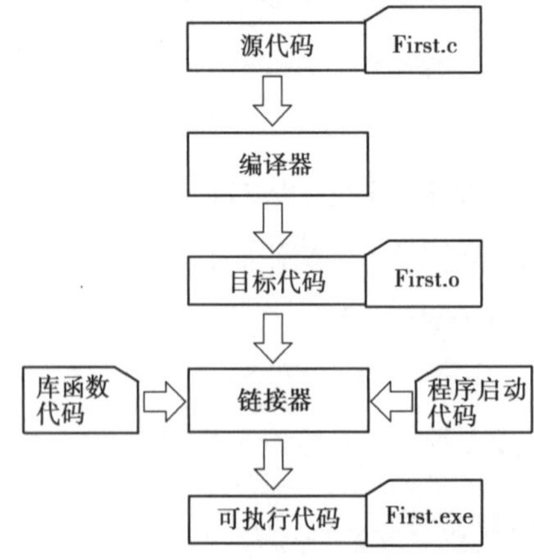


- C语言不是针对特定的硬件和操作系统平台开发出来的编程语言，它可适应从嵌入式、移动设备到个人计算机、小型机、大型机等不同硬件平台上的应用开发，也可适应Android、IOS到Windows、Linux、Unix、MAC OS等不同操作系统平台中的软件开发。只要具备针对这些平台和系统的C编译器，一个C语言源程序可以不经修改就可在不同的平台上运行，这体现了C语言良好的可移植性。

# ▸ 模块评价

## 实战演练

### 1.填空题

（1）C语言源程序由__________组成，源程序中只有一个__________函数。

（2）C语言语句用__________作为结束符，以#开始的命令称为____________________。

（3）C语言的可用字符由__________、__________、__________组成。

（4）标识符是__________的名称，它由__________、__________、__________3种字符组成。标识符只能使用__________格式的字符。标识符的第1个字符必须__________。

（5）Code::Blocks构建并运行C语言程序的快捷键是__________。

### 2.判断题

（1）函数没有参数时，可省掉函数名后的小括号。（　）

（2）在C语言中标识符main、Main标识的是同一个程序对象。（　）

（3）在一个程序行上可以写多条C语句。（　）

（4）程序总是从源程序开始往下执行。（　）

（5）只要在本程序中没有使用的保留字都可以用作变量名。（　）

（6）函数体必须用一对大括号括起来。（　）

（7）main()函数必须写在源程序的开始处。（　）

（8）C语言源程序中的每个程序行都要用分号结束。（　）

### 3.选择题

（1）下面合法的自定义标识符是（　）。

A. _550　B.int　C.p w d　D.xrc-1

（2）下列关于main()函数的说法，正确的是（　）。

A.main()函数必须位于所有函数的前面

B.每个程序必须有且只能有一个main()函数

C.其他函数要写在main()函数的函数体中

D.main()函数不是C程序必需的

（3）下列说法正确的是（　）。

A.一个C程序源代码可以写在一个程序行上

B.一个程序行就是一条语句

C.C语言程序中不能使用中文字符

D.一个较长的语句可以随意断开写在多个程序行上

## 模块能力评价表

班级＿＿＿＿＿＿　　姓名＿＿＿＿＿＿　　年　月　日

| 核心能力 | 评价指标 | 自我评价（掌握程度） | |
|---|---|---|---|
| | | 基础知识 | 基本技能 |
| 辨识C语言源程序的结构 | ●认识源程序的组成元素<br>●认识源程序的结构特点<br>●认识源程序的书写规范 | ○○○○○<br>○○○○○<br>○○○○○ | ○○○○○<br>○○○○○<br>○○○○○ |
| 命名标识符 | ●知道源程序中可以使用的字符集<br>●熟悉标识符的命名规则<br>●会命名和识别合法的C语言用户标识符 | ○○○○○<br>○○○○○<br>○○○○○ | ○○○○○<br>○○○○○<br>○○○○○ |
| 运行C语言程序 | ●能描述Code::Blocks窗口的组成<br>●会建立、保存、编译和运行C语言程序<br>●会使用Code::Blocks的菜单<br>●会使用快捷键提高效率 | ○○○○○<br>○○○○○<br>○○○○○<br>○○○○○ | ○○○○○<br>○○○○○<br>○○○○○<br>○○○○○ |
| 其他 | | | |
| 综合评价： | | | |

# 模块二 / C语言程序的基本数据对象

程序提供的各种丰富的功能其实质都是基于对数据进行运算处理的结果。因此，不论程序要实现什么功能，其核心工作就是加工处理各种各样的数据。数据是人们用来描述事物及它们相关属性的符号记录。事物不同或描述的角度不同，所采用的数据和相关的处理方法也不同，这就产生了数据类型。本模块将讨论C语言程序中的基本数据对象的类型，以及如何在程序中使用常数和变量两种形式的数据对象。学习完本模块后，你将能够：

+ 根据应用需求选择使用正确的数据类型；
+ 在C语言程序中正确规范书写各种类型的常数；
+ 在C语言程序中正确使用变量。

[ 任务一 ]

NO.1

# 对数据进行分类

1.自人类活动开始就有了数据，数据记录了人们观察到的、经历到的物和事。从工业社会到信息社会，随着信息技术的发展与应用，数据的价值日益凸显。数据成了各方互相争夺的新质战略资源，毫不夸张地说，谁掌握了数据谁就能掌握自己的未来。接下来请收集下面所列对象的相关数据（包括你补充的事物），并记录在下表中。

（1）中央电视台提供的节目套数

（2）你的身高（m）和体重（kg）

（3）你所在班组的人数

（4）一次英语教师为你的作业评定的等级

（5）你的身份证号码、电话号码

（6）中国的英语拼写形式

（7）光的传播速度

（8）这只羊是黑的

……（请你补充）

______________________________

______________________________

______________________________

______________________________

| 描述对象 | 属　性 | 数　据 |
|---|---|---|
| 电视台节目 | 套数 | |
| 人 | 身高 | |
| 人 | 体重 | |
| 班级 | 人数 | |
| 作业 | 等级 | |
| 电话 | 号码 | |
| 国家（中国） | 英语拼写形式 | |
| 光 | 传播速度 | |
| | | |
| | | |
| | | |
| | | |
| | | |

注：表中数据列不用写出相关量的单位。在数据处理中，数据单位都是事前约定好的。

2.世界的千姿百态决定了描述事物的数据也是多种多样的，把数据分类将有利于简化数据处理，提高数据处理效率。请你对收集到的数据进行分类，分析数据的组成形式、可以进行的操作等特性，按要求填写下表。

（1）数据的基本特性。

| 数据 | 组成 | 是否用<br>小数点 | 是否能做<br>算术运算 | 描述的对象属性<br>单位是否可分 |
|---|---|---|---|---|
| | | | | |
| | | | | |
| | | | | |
| | | | | |
| | | | | |
| | | | | |

注意：肯定用“√”标记，否定用“×”标记，不具有此项的用“—”标记。

（2）可参考你已有的数学经验或其他生活经验，为收集到的数据分类，并为它们的类别取一个恰当的名称。

| 数据类型名称 | 示例数据 | 说 明 |
|---|---|---|
| | | |
| | | |
| | | |
| | | |
| | | |
| | | |

注：示例数据不限于前面收集的那些数据。

## 日积月累

C YUYAN CHENGXU SHEJI JICHU
RIJIYUELEI

●数据（data）分类形成的类别称为数据类型（type）。数据类型定义了数据的组成结构、数据操作和数据约束3个方面的数据特性。

●数据有两个关键要素：数据类型和数据值（value）。根据一个数据拥有值的数目，把数据分为标量（scalar）数据和复合（composite）数据两大类。一个标量数据只有一个数据值，而复合数据拥有两个或两个以上相同或不同类型的数据值。

●在C语言中，标量数据类型也称为基本数据类型，如整数类型、浮点数类型、字符型等，复合数据类型则是指由用户定义的数组、结构等。数组和结构相关内容请参考单元3中的介绍。

3.请阅读下表列出的C语言内建支持的基本数据类型的名称、程序中使用的标识符、内存占用空间大小、取值范围等特性，然后回答下面提出的问题。

C语言内置基本数据类型（参考C99、C11、C17标准）

<table>
<tr><th colspan="2">名　称</th><th>类型标识符</th><th>长度（字节）</th><th>取值范围</th><th>说　明</th></tr>
<tr><td rowspan="5">整数类型</td><td>短整型</td><td>short int</td><td>2</td><td>-32768~+32767</td><td rowspan="5">用于描述事物数量等不可分的属性的数据被称为整型数据，简称整数</td></tr>
<tr><td>无符号短整型</td><td>unsigned shor int</td><td>2</td><td>0~65535</td></tr>
<tr><td>基本整型</td><td>int</td><td>4</td><td>-2147483648~+2147483647</td></tr>
<tr><td>长整型</td><td>long int</td><td>4</td><td>-2147483648~+2147483647</td></tr>
<tr><td>倍长整型</td><td>long long int</td><td>8</td><td>-9223372036854775808<br>~+9223372036854775807</td></tr>
<tr><td rowspan="3">浮点数类型</td><td>单精度</td><td>float</td><td>4</td><td>$3.4e^{-38}$~$3.4e^{+38}$<br>（精确到6~7位小数）</td><td rowspan="3">记录事物的长度、质量等属性的单位可分的量的数据称为浮点数类型</td></tr>
<tr><td>双精度</td><td>double</td><td>8</td><td>$1.7e^{-308}$~$1.7e^{+308}$<br>（精确到15位小数）</td></tr>
<tr><td>长双精度</td><td>long double</td><td>16</td><td>$1.19e^{-4932}$~$1.19e^{+4932}$<br>（精确到18位小数）</td></tr>
<tr><td rowspan="3">字符型</td><td>基本字符</td><td>char</td><td>1</td><td>-128~127</td><td rowspan="3">描述事物的名称、代号以及其他属性的文字性描述被称为字符型数据</td></tr>
<tr><td>有符号字符</td><td>signed char</td><td>1</td><td>-128~127</td></tr>
<tr><td>无符号字符</td><td>unsigned char</td><td>1</td><td>0~255</td></tr>
<tr><td colspan="2">逻辑型</td><td>_Bool</td><td>1</td><td>0（false）,1（true）</td><td>表示命题的是非真假</td></tr>
<tr><td colspan="2">空值型</td><td>void</td><td>0</td><td></td><td>无任何数据</td></tr>
</table>

注：实型数据的取值范围是其指数的取值范围。

（1）为什么在C语言程序中，不论是整数还是浮点数都有确定的范围，而不能像数学中的整数、实数那样可以无限制取值?

______________________________

（2）同样是整数，为什么还要细分成不同类型的整数呢?

______________________________

（3）整数都有无符号型，它们不能表示负整数。请参考上表中的示例，写出基本整型、长整型和倍长整型的类型标识符和相应的取值范围。

______________________________

（4）从上表中能否看出字符型和整数类型的相关性，你认为能否把字符型当成整数类型来对待？

______________________________________________

（5）逻辑数据类型的标识符是_Bool，为什么不直接采用bool作为它的标识符呢？在程序中能使用bool代表逻辑数据类型吗？

______________________________________________

## 日积月累

C YUYAN CHENGXU SHEJI JICHU RIJIYUELEI

- 任何数据在计算机中都只能用有限的存储空间来存储（即用有限的二进制数位来表示数据），存储空间的分配以字节（byte）为单位。通常一个数据所占存储空间是字节的整数倍。
- 整数是没有小数部分的数。除基本整型int外，其他几种整型在使用时可以省略int，即短整型、长整型和倍长整型可以分别简写成short，long，long long。
- 所有整型都有对应的无符号型，这种类型的数据只能表示非负整数，类型标识为在原类型标识符前加unsigned表示，如unsigned short，unsigned int（或unsigned），unsigned long，unsigned long long。它们的取值范围为0~对应类型最小值与最大值的绝对值的和。
- C语言标准规定在实现编译器时要保证整数类型short不会比int长，long不会比int短。在16位系统中short和int分配均为16位，在32位系统中int和long都是32位，在64位系统中增加long long处理64位整型数据。
- 如果一个数据超过其数据类型所能表示的范围，就称为数据溢出。这是一种程序错误，C语言标准要求程序员防止数据溢出的产生。
- 与数值数据（整型或实型）可直接用二进制数表示不同，字符是图形符号，必须经过编码才能存储到存储系统中。编码就是按照某种规则用一定长度的二进制位串来代表一个字符。英文字符最常用的编码是ASCII码，它采用7个二进制位编码，可表示128个字符。由于内存分配机制原因，一个字符实际占1byte（8bit）。扩展ASCII码用该字节最高位也编制了128个字符，ASCII码一共有256个。
- 为适应软件国际化的需要，从C99标准开始支持多字节编码。Unicode是著名且广泛使用的多字节码字符集，它为世界范围内语言文字系统中的12万多个字符制定了唯一的数字编号（一个整数值），称为Unicode字符的码点（code point）。
- 与ASCII码不同的是，Unicode没有定义字符的码点如何编码后进行存储、传输的方式。现在有两类编码方案：一种是固定长度的编码方案，如UTF-16、UTF-32，采用固定的2字节、4字节编码；另一种是可变长度编码方案，如UTF-8，它采用1-4字节编码，对于英文字符采用单字节编码与ASCII码兼容，汉字则采用3字节编码，少数汉字采用4字节编码。UTF-8是目前主流的Unicode字符集的编码方案。
- _Bool型也称为布尔型，它实际是一个无符号整型，只能存储0（假）和1（真）。
- 在头文件stdbool.h中，把类型标识符_Bool重新定义为bool。逻辑真定义为true，逻辑假定义为false。其实true和false分别是1和0的符号字面量。如需使用bool标识符以及符号true和false，请在程序开始处添加#include <stdbool.h>。

4.C语言的数据类型标识符可能并不能很好地适应程序的应用情境，如在某场合要存储不超过100的整数，决定采用char以节省存储空间，但直接用标识符char可能会引起误解，影响程序可读性。C语言程序员提供了为数据类型创建别名的机制，可为应用需要重新取一个恰当的名称。阅读下面程序，结合程序输出，探讨如何为已有数据类型重建新类型名和测试数据类型大小的方法。

```
/* p1.2.1 ——测试数据类型大小                */
#include "stdio.h"
int main(int argc, char *argv[])
{
    typedef char int8;
    typedef short int int16;
    typedef long long int int64;

    printf("       char:%zd\n",sizeof(char));
    printf("       int8:%zd\n",sizeof(int8));
    printf("===================\n");
    printf("  short int:%zd\n",sizeof(short int));
    printf("      int16:%zd\n",sizeof(int16));
    printf("===================\n");
    printf("long long int:%zd\n",sizeof(long long int));
    printf("        int64:%zd\n",sizeof(int64));
    return 0;
}
```

记录程序的运行结果：

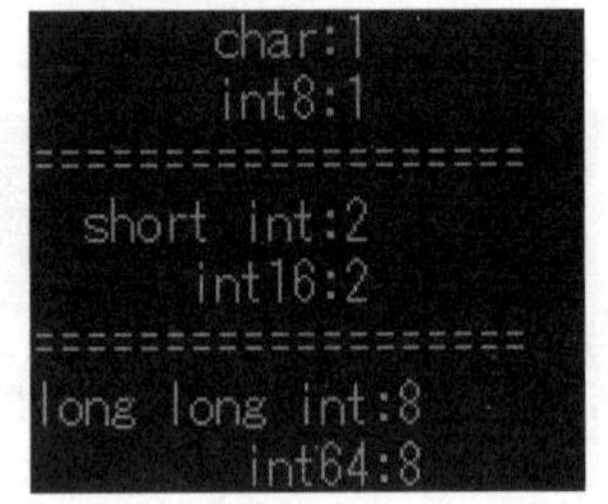
char:1
int8:1
==================
short int:2
int16:2
==================
long long int:8
int64:8

（1）sizeof是C语言中内置的一个运算符，用于测试数据类型或数据所需要的字节长度。从输出结果可知，int8和char、int16和short int以及int64和long long int是什么关系？

______________________________

（2）你认为用int8和char来表示整数，哪一个更易于理解而不引发误会？谈谈你的理由。

______________________________

（3）命令typedef实现了什么功能？写出typedef命令使用的一般格式。

______________________________

日积月累 C YUYAN CHENGXU SHEJI JICHU RIJIYUELEI

●C语言提供typede命名机制，允许程序员为现有类型创建别名。typedef并不创建一种新数据类型，而是为已有类型（包括自定义类型）创建一个更有意义的别名，别名和原数据类型名本质上是相同的类型标识符。

●使用typedef可以提高程序的可读性和可移植性。如在头文件stddef.h中用它定义了宽字符类型标识符wchar_t，实际上它是一个整数类型，具体大小由实现代码定义，不同编译器中wchar_t大小可以不同，但一般为2字节。

●sizeof是测试数据类型或数据长度的内置运算符，使用格式为：sizeof(<类型名或数据对象>)。其给出一个size_t类型的整数表示数据类型或数据的字节长度。

●size_t意思是类型的尺寸，size_t类型在stddef.h头文件中由typedef定义，等价于无符号倍长整型数据类型。

●printf()是标准的输出数据的库函数，其第一个参数是一个字符串，用于规定输出数据的格式。%zd表示输出size_t类型的数据，实际数据由后面的参数提供。其实使用%u和%llu输出size_t类型的数据也行，但少点可读性，它俩用于输出无符号的int和无符号的long long型数据。其中字符串中的\n表示输出换行。

NO.2 ［任务二］

# 在程序中使用字面量

字面量（literal values）是源程序中数据对象的一种表达方法，用于表示某种类型数据的一个确切的值，其从字面上即可直接识别该数据的类型和数据值，有时也称字面量为常数（constant）。字面量在程序的运行过程中其值不会发生变化。每种基本类型（void除外）的数据都有字面量形式，它们在程序中都有相应的书写要求。

1.观察下面程序中出现的整型字面量，并描述它们的组成和书写要求。

```
/*p1.2.2 - -整型字面量的表示   */
#include<stdio.h>
int main(void)
{
   printf("     %d\n",127);
   printf("     %d\n",0177);
```

记录程序的运行结果：

```
    printf("     %d\n",0x7F);
    printf("================\n");
    printf("     %d\n",2147483647);
    printf("     %d\n",2147483648);
    return 0;
}
```

（1）在程序中标出表示整型数的字面量。

（2）试一试，这些整型字面量形式中可以出现小数点吗?

○可以　　　　　　○不可以

（3）试一试，这些整型字面量形式能表示负整数吗?

○能　　　　　　○不能

（4）根据运行结果，你能看出字面量127、0177、0x7F它们表示的是同一个数吗？试一试，分别把0177改成0178，0x7F改成0x7G后，或去掉前面的0和0x再运行程序，你收到什么提示信息？这说明了什么?

________________________________________

（5）请描述整型字面量的书写要求。

| 形　式 | 组成元素 | 书写规则 |
| --- | --- | --- |
| 十进制 | | |
| 八进制 | | |
| 十六进制 | | |
| | | |

（6）语句printf("　　%d\n",2147483648);并没有按我们的预期输出，你知道这是为什么吗？试一试，把%d换成%u，再运行程序，这次得到你期望的结果了吗？这说明什么?

________________________________________

（7）请分别写出5个正确的整型字面量和5个错误的整型字面量。

________________________________________

________________________________________

**眼下留神** C YUYAN CHENGXU SHEJI JICHU YANXIA LIUSHEN

- 直接写的整型字面量默认为int型字面量，如果超过int类型的表示范围，则试着将其当成unsigned int类型，如果还是超过范围，就依次视为long，unsigned long，long long，unsigned long long，直到视为合适的类型为止。
- 要明确整型字面量的类型，可以加后缀字母l（L）、ll（LL）、u（U）来分别表示long型、long long型和unsigned型字面量。u（U）可以与l、ll联合使用，如ul、ull分别表示unsigned long和unsigned long long型字面量。
- 字面量后缀字母的书写格式常用于函数的调用中，C语言要求调用函数时，实参类型必须与形参类型相同，如果函数的形参是long型，则要求实参也为long型，此时若用345作实参就不行，而要用345l作实参。
- printf()函数中%d表示此处输出可带符号的整数，要输出无符号整数则使用%u。

2.请运行下面的程序，观察程序中出现的实型字面量，并描述它们的组成和正确书写的格式要求。

```
/*p1.2.3 - -浮点型字面量的表示            */
#include <stdio.h>
int main(void)
{

    printf("%f    %f\n",567.29,5.6729e2);
    printf("%f    %f\n",.5,5.);
    printf("%f    %f\n",0.00125,1.25e-3);
    printf("%f    %f\n",1e-5,1.0E-5);
    printf("%f    %f\n",6.4e2,0x14p5);
    return 0;
}
```

记录程序的运行结果：

（1）在程序中标出字面量对象。

（2）这些字面量中有小数点吗?

○有　　　○没有

（3）小数点的一侧可以不写数字吗?

○可以　　　○不可以

（4）有的字面量中出现了非数字字符________，它相当于数学上的________记数法。其大小写形式影响数值的表示吗？采用此法表示618.375有多少种表示法？

______________________________

（5）试一试，像6.5.0、1e5.0、e3、2e这些形式的数据符合C语言标准吗？你认为应该怎样写才是合规的？

______________________________

（6）请描述浮点型字面量的书写要求。

| 形　式 | 组成元素 | 书写规则 |
|---|---|---|
| 十进制小数 | | |
| 十进制指数 | | |
| 十六进制指数 | | |

（7）各写5个合规和不合规的浮点型字面量，并解释不合规形式出现的问题。

______________________________

## 眼下留神

C YUYAN CHENGXU SHEJI JICHU YANXIA LIUSHEN

● 浮点数（floating-point）在计算机程序中也常称为实型数，用于表示两个整数之间的那些数，如1.761，−0.328，3.119等。浮点数采取了与整数完全不一样的机内存储方案，即把一个浮点数分成小数（也称为尾数或有效数）和指数两个部分分别存储。float型实数的机内存储方案如下图所示。

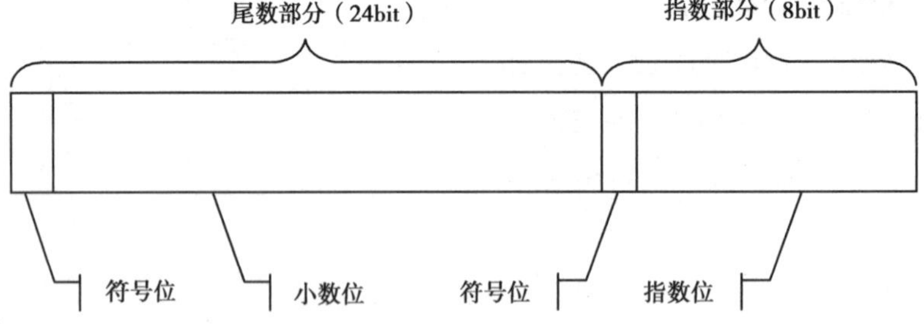


float型浮点数用32个二进制位表示，其中24位用于表示尾数及符号，8位表示指数及符号。double型使用64位，对增加的32位，不同的C语言编译系统有不同实现方案，有把32位全部用于尾数部分的，这可以增加数值精度，减少舍入误差；也有全用于指数部分的，可以增加数的表示范围，Long double用于满足比double更高的精度要求，但C语言标准只保证其至少与double有一样的精度。

- 浮点型字面量有十进制小数、指数和十六进制指数三种表示形式。十进制小数形式要求实型字面量中有且仅有一个小数点，且小数点两侧至少一边有数字，如：6.、.315等；指数形式中e（E）的前后必须有数字，且指数必须是整数。十六进制指数形式为0x（0X）打头并以p（P）分隔尾数和2为底的指数，如0x2p3，其等价于16.0。
- 浮点型字面量默认是double型，后缀以f（F）、l（L）可分别表示float和long double型字面量，如2.75f、0.336L。
- 在Windows系统中float型可表示6个有效数字，double型可表示15个有效数字，long double可表示18个有效数字。
- 任一区域（如0和1之间）的数是无穷的，计算机中的浮点数不能表示区域中的所有数。浮点数没有精确表示方法，只是实际数的近似值，因此，浮点运算的结果也是一个近似值，只有我们接受其运算精度时，才采用浮点运算。
- printf()函数中%f表示此处输出浮点数，默认保留6位小数，不足时尾部添0，多则四舍五入仍保留6位小数。在程序中不能精确表示浮点数。

3.请观察下面程序中出现的字符型字面量，并描述它们的组成和正确书写格式。

```
/*p1.2.4 - - 字符类字面量的表示   */
#include<stdio.h>
int main(void)
{
   printf("     %c\n",'H');
   printf("     %c\n",'7');
   printf("     %c\n",'@');
   printf("================\n");
   printf("     %c\n",'\'');
   printf("     %c\n",'\"');
   printf("     %c\n",'\\');
   printf("================\n");
   printf("  %s\n","character");
   printf("  %s\n","洋为中用");
   printf("  %s\n","7103");
   return 0;
}
```

记录程序的运行结果：

（1）在程序代码中标出字面量对象。

（2）这些字符类字面量有什么不一样?

________________________________________

（3）从运行结果可知printf("      %c\n",'\'');输出了什么? 反斜线\起了什么作用?

________________________________________

（4）请为字符字面量和字符串字面量下定义。

字符字面量是________________________________

字符串字面量是_______________________________

（5）请描述字符类字面量的书写要求。

| 形　式 | 组成元素 | 书写规则 |
| --- | --- | --- |
| 字符型 | | |
| 字符串 | | |

（6）请各写5个字符字面量和字符串字面量。

字符字面量：________________________________

字符串字面量：_______________________________

（7）“和”（单引号和双引号之间没有写任何字符）是合法的字面量吗?

________________________________________

（8）字符和字符串输出时，有没有输出它们的定界符? 试一试，你能输出它们的定界符吗? 写出你所作的修改。

________________________________________

## 眼下留神

C YUYAN CHENGXU SHEJI JICHU

YANXIA LIUSHEN

- 有些字符不能像字母、数字等字符那样能在程序代码中直接输入，如换行符、退格符等，它们是“控制字符”，代表一种操作且不能在屏幕上显示；还有一些字符在C语言系统中有特定的用途而不能直接输入作为普通字符，如单引号、双引号等。在C语言源代码中这类字符需要用“转义字符”的形式来表示。
- 转义字符是以反斜线“\”开头的字符序列。如换行符不是按回车键来输入而是输入'\n'来代替，C语言编译器会把反斜线后的字符解释为另一个字符，这里'\n'中的字符n就不是字母n而是换行符。转义字符形表示的是一个字符。

常用的转义字符

| 转义字符 | 代表的字符 | ASCII码 |
| --- | --- | --- |
| \n | 换行符（使光标移到下一行开头） | 10 |
| \r | 回车符（使光标回到本行开头） | 13 |
| \b | 退格符（使光标左移一列） | 8 |
| \t | 水平制表符 | 9 |
| \v | 垂直制表符 | 11 |
| \' | 单引号 | 39 |
| \" | 双引号 | 34 |
| \\ | 反斜线 | 92 |
| \ooo | 1~3位八进制数形式的ASCII码所代表的字符 | |
| \xhh | 1~2位十六进制数形式的ASCII码所代表的字符 | |
| \uhhhh | 4位十六进制数形式的Unicode码所代表的字符 | |

- C语言编译器通过字面量的字面书写形式来识别它们的类型而不管其数学意义，如2e3的数据类型是实型而不是整型。
- 在C语言中，字符串末尾会自动加上一个空字符作为字符串结束标志，简称结束符，其表示为'\0'，在存储字符串时要同时存储字符串的结束符。
- 字符串的长度是指组成字符串中字符的个数。计算字符串长度时不计定界符和结束符。
- 在printf()函数中%c占位表示输出一个字符，%s占位表示输出一个字符串，注意都不输出定界符。

4.当在程序要多次用到同一个字面量时，C语言提供了一种机制让程序员为它创建一个更有意义的符号名来代替它，这对提高程序的可读性和修改的方便性都有积极意义。阅读下面的程序，观察在程序中如何使用符号名来表示字面量，回答表中提出的问题。

```
/*p1.2.5 – – 使用符号名代替字面量      */
#include <stdio.h>
#define DEFFMT "#define  <符号名>   <字面量>"
#define PI 3.14
int main(void)
{
   int r=6;
   float c , s;
   c= 2 * PI * r;
```

记录程序的运行结果：

```
    s = PI * r * r;
    printf(DEFFMT);
    printf("\nl=%f,s=%f\n", c, s);
    return 0;
}
```

（1）指出程序中使用的符号名及所代表的数据值。

（2）请写出定义符号字面量的一般格式。

（3）在程序中用标识符PR表示2500，请你写出相关的定义。

（4）如果要使用圆周率3.14159来进行计算，你认为程序中要作几处修改?

○1处　　○2处

（5）如果程序中有100个地方要使用圆周率，你是愿意直接使用圆周率的字面值，还是为它定义相应的符号名? 谈谈你的看法。

（6）简述定义字面量符号名时的注意事项。

（7）试一试，能否用#define命令为标识符另取一个符号名? 例如定义符号名uint代替类型标识符unsigned int。

## 日积月累

C YUYAN CHENGXU SHEJI JICHU RIJIYUELEI

●字面量的书写规则

①不带小数点或指数的数值字面量就是整型字面量，它有十进制、八进制、十六进制3种形式。十进制形式：遵循数学上的书写要求，如128，-49，+356等。

②八进制形式：由0开头后跟0~7中的数字组成的数字串，如-010，0657等。

③十六进制形式：由0x或0X开头后跟0~9、a~f或A~F中的数字组成的数字串，如0xac，0x78d6，0X101，-0X6C6C等。

④浮点字面量有十进制小数、十进制指数、十六进制指数3种形式。十进制小数形式中有且只有一个小数点，且小数点的左右至少一边有数字；书写指数形式字面量时，注意字母e（或p）前后必须有数字，且其后面的数必须为整数。

⑤字符字面量是用单引号（' '）括起的一个字符。转义字符例外，转义字符仍表示一个字符；字符串字面量是用双引号（" "）括起字符序列（字符串中的字符可以是转义字符）。

⑥定义符号量的方法是：#define <符号名> <字面量>，其中符号名是一个合法的C语言标识符，字面量是由符号名替代的确定值。

●C标准在头文件limits.h和float.h分别定义了整数和浮点数的极值符号量。

| 类型 | 最小值 | 最大值 |
| --- | --- | --- |
| char | CHAR_MIN | CHAR_ MAX |
| short | SHRT_MIN | SHRT_ MAX |
| int | INT_MIN | INT_ MAX |
| long | LONG_MIN | LONG_ MAX |
| long long | LLONG_MIN | LLONG_ MAX |
| float | FLT_MIN | FLT_ MAX |
| double | DBL_MIN | DBL_ MAX |
| long double | LDBL_MIN | LDBL_ MAX |

●无符号整数最大值的符号量在对应整数最大值符号名前加U即是，如：无符号int型整数的最大值为UINT_MAX。

●符号量FLT_DIG、DBL_DIG、LDBL_DIG定义了float、double、long double浮点数的最大精度。

●在math.h头文件中定义了NAN和INFINITY两个浮点数字面量分别表示不是数字和无穷大。对负数开平方的结果就是NAN，任何数除以0.0结果是INFINITY。

## 眼下留神

C YUYAN CHENGXU SHEJI JICHU YANXIA LIUSHEN

●符号量是用一个有意义的标识符来代替字面量。带来的好处是提高了程序的可读性，且便于程序的维护。

●定义符号量的命令是预编译命令，放在源程序的最前面；标识符中的字母一般采用大写形式；命令行后没有分号，命令中各部分用空格分隔。

●命令#define可以定义带参数的符号，这种符号被称作宏（macro）。具体定义参考“实现程序模块化”中的示例。

●在编译程序之前，编译器将把代码中的符号量用定义时的字面量进行替换，这是一种预处理操作。

[ 任务三 ]

NO.3

# 在程序中使用变量

字面量是数据的确切表示形式，换句话说是以“硬编码”的方式写在程序中的，在程序运行过程中，字面量的值是不会发生改变的，但数据处理过程中生成的中间临时数据和最终结果是变化而不能事前确定的，这样的数据不可能用字面量来表示，它们需要用计算机内存来保存。存储在内存单元中的数据通过读取而参与运算，通过写入而发生改变。因此，存储数据的内存单元可以视为程序中数据对象的另一种重要的表示形式——变量。为了在程序中有效组织和处理数据，你需要正确使用变量这种重要的数据形式。

1.请运行下面的程序，记录程序结果并回答表中提出的问题。

<table>
<tr><td>

```
/*p1.2.6 - - 使用变量          */
#include <stdio.h>
int main(void)
{
   float pay=0.0,unitcost=1.98;
   int amount=6;
   pay =unitcost*amount;
   printf("1:pay=%.2f\n",pay);
   unitcost=unitcost*0.8;
   amount=10;
   pay =unitcost*amount;
   printf("2:pay=%.2f\n",pay);
   return 0;
}
```

</td><td>记录程序的运行结果：</td></tr>
<tr><td colspan="2">

（1）数一数程序中有几个数据对象，你发现哪些数据对象发生了变化?

______________________________

（2）发生变化的数据对象在程序中是以什么形式出现的? 这个数据对象被称为变量，请认为变量应如何描述?

______________________________

（3）你认为变量包含哪几个方面的要素?

______________________________

</td></tr>
</table>

（4）程序中的变量好似存储数据的容器，你赞同这个比方吗？为什么？

○赞同　　　　　　　　○不赞同

（5）根据你对计算机基础知识的了解，你认为变量和计算机的内存储器有联系吗？请谈一谈你的看法。

______________________________

（6）写出程序代码中申请使用变量的语句，并描述向编译器申请使用变量的基本方法。

______________________________

## 日积月累

C YUYAN CHENGXU SHEJI JICHU RIJIYUELEI

●变量是在程序运行过程中值可以发生变化的数据对象。其实质是一段命名的内存空间，它由一个或多个连续的内存单元组成，通常是1、2、4、8、16个。

●程序代码和数据都必须加载到内存中才能运行和执行。内存是由一位又一位的存储电路集成在一起的超大规模集成电路。每8位一组称为内存单元，它是内存分配的基本单位。每个内存单元都有一个唯一编号，这个编号就是内存单元的地址，也称为内存的物理地址，用于选择要读写数据的内存单元。

●在程序中使用变量之前必须向编译器提出申请。你需要告知编译器将存储数据的类型和变量名称，必要时还需提供一个初始值，编译器则为变量分配相应的内存单元。申请使用变量也称为定义变量，方法是：

[const] <类型标识符> <变量名>[=<表达式>]> [,…];

①变量名是一个合法的用户自定义标识符，“=<表达式>”为可选，用于把表达式的值指定给变量作初始值。可同时定义多个变量，变量以逗号分隔。

②使用const定义的是只读变量，也称为常量，其对应内存单元中的数据不可修改，其值只能在定义时指定。如const float e=1.6e-19。

●变量包括变量名、数据类型和值3个基本要素。

## 眼下留神

C YUYAN CHENGXU SHEJI JICHU YANXIA LIUSHEN

●在C语言程序中使用变量必须遵守“先定义后使用，使用前置初值”的原则。

●符号“=”的作用是给变量赋值，它被称为赋值号。赋值号把它右边的值赋给它左边的变量，也就是向变量对应的内存单元中写入数据。

●定义而没有设置初始值的变量值不确定，是垃圾数据，不能直接参加运算。因此，变量在参与运算前一定要设置它的初始值。

●为变量预置初始值有初始化和赋初值两种形式。变量初始化是在定义变量时预置它的初始数据，在编译时完成；赋初值是指定义变量后，在使用之前的赋值操作，在程序运行时完成。

初始化：int count=0;　　赋初值：int count; count=0;

●变量可在需要时随时定义。建议在一段代码块前集中定义，这样可以促使你对程序在编写代码前有更明确的规划，并方便对变量的管理。

2.阅读并执行下面程序，对照程序输出结果，发现变量与内存的关系和访问变量数据值的方法。

```
/* p1.2.7 －－变量在内存中的地址和访问变量数据值的方法*/
#include <stdio.h>
int main(void)
{
    typedef short int int16;
    typedef int int32;
    typedef long long int int64;
    int16 n1=11;
    int32 n2=22;
    int64 n3=33;
    //分别定义3个指针变量用于存储变量n1、n2、n3在内存中的地址。
    int16 *p1;
    int32 *p2;
    int64 *p3;
    p1=&n1;  p2=&n2;  p3=&n3;
    //输出地址数据时，使用占位符%p。
    printf("\n       变量的地址  <===>     指针变量的值      指针变量的地址\n");
    printf("&n1:%p<===>%p:p1 &p1:%p\n",&n1,p1,&p1);
    printf("&n2:%p<===>%p:p2 &p2:%p\n",&n2,p2,&p2);
    printf("&n3:%p<===>%p:p3 &p3:%p\n",&n3,p3,&p3);
    //
    printf("指针变量   变量   指针引用数据的大小\n");
    printf("p1:%zd       n1:%zd  *p1:%zd\n",sizeof(p1), sizeof(n1),sizeof(*p1));
    printf("p2:%zd       n2:%zd  *p2:%zd\n",sizeof(p2), sizeof(n2),sizeof(*p2));
    printf("p3:%zd       n3:%zd  *p3:%zd\n",sizeof(p3), sizeof(n3),sizeof(*p3));

    printf("使用变量名和对应的指针变量访问整型变量的数据\n");
    printf("n1: %d            *p1: %d\n",n1,*p1);
```

```
    printf("n2: %d       *p2: %d\n",n2,*p2);
    printf("n3:%lld      *p3: %lld\n",n3,*p3);
    return 0;
}
```

程序运行结果：

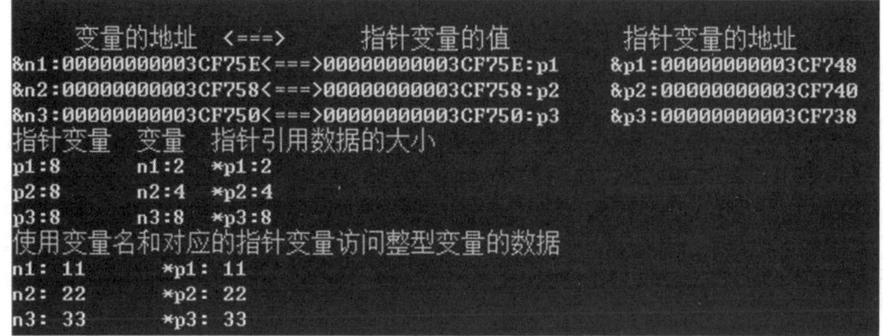

变量的地址 <===> 指针变量的值 指针变量的地址
&n1:00000000003CF75E<===>00000000003CF75E:p1 &p1:00000000003CF748
&n2:00000000003CF758<===>00000000003CF758:p2 &p2:00000000003CF740
&n3:00000000003CF750<===>00000000003CF750:p3 &p3:00000000003CF738
指针变量 变量 指针引用数据的大小
p1:8 n1:2 *p1:2
p2:8 n2:4 *p2:4
p3:8 n3:8 *p3:8
使用变量名和对应的指针变量访问整型变量的数据
n1: 11 *p1: 11
n2: 22 *p2: 22
n3: 33 *p3: 33


（1）C语言中，变量是计算机内存系统中一段被命名的内存单元。这段内存单元的起始内存单元的物理地址就是变量的地址。请描述在程序中获取变量物理地址的方法。

________________________________________

（2）内存单元的物理地址实质上是一个无符号整数。由于其目的是访问对应的内存单元，所以在存储、传输、操作内存物理地址时有别于作为数值的无符号整数，需要使用专门的被称为指针类型的变量来实现。在程序中圈出指针变量，并描述指针类型的构成和声明指针类型变量的方法。

________________________________________

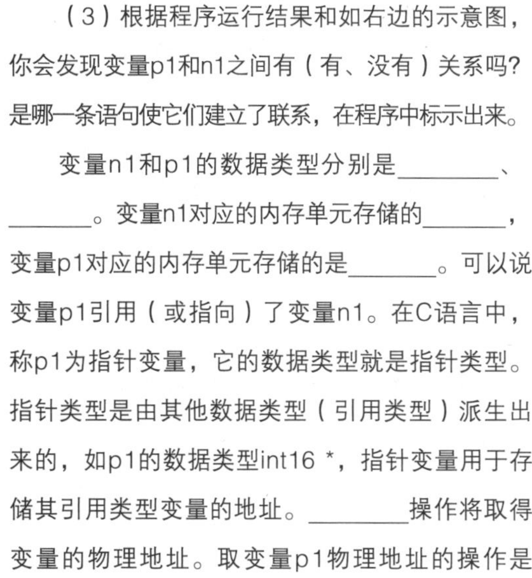

（3）根据程序运行结果和如右边的示意图，你会发现变量p1和n1之间有（有、没有）关系吗?是哪一条语句使它们建立了联系，在程序中标示出来。

变量n1和p1的数据类型分别是________、________。变量n1对应的内存单元存储的________，变量p1对应的内存单元存储的是________。可以说变量p1引用（或指向）了变量n1。在C语言中，称p1为指针变量，它的数据类型就是指针类型。指针类型是由其他数据类型（引用类型）派生出来的，如p1的数据类型int16 *，指针变量用于存储其引用类型变量的地址。________操作将取得变量的物理地址。取变量p1物理地址的操作是

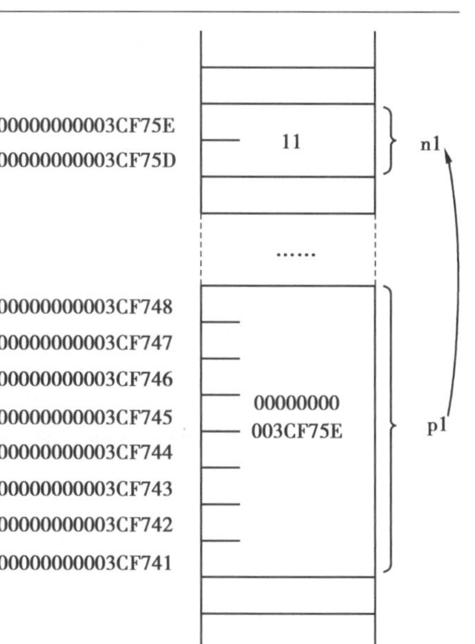

________________________，取得的地址值是____________________________。

（4）指针变量p1、p2、p3的类型分别是________、________、________，由程序运行结果可知它们的类型大小相同（相同，不同）吗？它们的引用类型相同（相同，不同）吗？实际上任何类型变量的内存地址的类型（无符号整型）都是相同的，但为什么要为指针变量声明不同的引用类型呢？想一想。

________________________________________________________________

（5）能通过指针变量p1去访问它引用的变量n1吗？是如何实现的？试一试在程序中找出来并写在下面。

________________________________________________________________

## 日积月累

C YUYAN CHENGXU SHEJI JICHU RIJIYUELEI

- C语言编译器根据变量的数据类型为变量分配内存单元，数据类型决定了分配给变量内存单元数。
- 变量定义后，变量名就与分配给它的内存单元地址建立起了关联。通过变量名就可以方便地访问对应内存中存储的数据，这与使用内存单元的地址访问数据是一致的，因此把变量名称为内存单元的符号化地址。
- 通过“&变量名”的形式可获得该变量所对应内存单元在内存系统中的物理地址（对多字节数据，得到的地址是其第1个内存单元的地址）。通过变量名和物理地址都能访问内存中的数据。
- 指针变量用于存储变量的内存地址，它的数据类型称为指针类型，是由所指变量的类型（称为引用类型）派生的。指针类型格式为：<类型名> *。

  如：double x,y,*p;，声明了指针变量p，其类型是double *，p可以引用或指向任何double类型的变量。如语句p=&x;使p指向变量x，p也可以指向其他double型变量，语句p=&y;则让指针p指向变量y。
- 通过指针变量访问其指向变量的数据，称为解引用。解引用的方法是在指针变量名前缀解引用运算符（*），即“*<指针变量名>”。如有double x,*p; p=&x;，则*p等价于x。
- 在程序中变量名直接代表了所对应内存单元中存储的数据值。通过指针访问变量数据有速度上的优势。
- 在printf()中%p专门用于输出内存地址数据。

## 眼下留神

C YUYAN CHENGXU SHEJI JICHU
YANXIA LIUSHEN

- 内存储器的电路状态代表数据。变量的数据类型不但决定了为变量分配的内存单元数，同时还决定了对这段内存单元电路状态的解释。
- 内存地址是一个由若干二进制位组成的编码，本质上是一个无符号整数。由于编译器总是把指针变量中的数据视为内存地址，所以在编程中要避免直接把一个无符号整数赋值给指针变量，因为该无符号整数表示的内存地址可能不是编译器合法分配的，这将引发运行时错误。
- 不同引用类型的指针变量，它们存储的都是相同类型的内存地址，但却不能让指针变量指向与它引用类型不同的变量。因为引用类型决定了指针所指内存中数据的解读，如果这样做，将引发数据读取混乱。
- 在一个引用类型下声明多个指针变量时，要在每个指针变量前置*，否则，除前置有*的变量是指针变量，其他直接是引用类型的变量。使用typedef定义指针类型后，可以避免这种情况。
- 由于使用习惯的原因，指针类型、指针变量的值都被称为指针，用户需要根据当时语境来明确其具体所指。
- 使用未明确初始化的指针变量访问内存，可能导致不可预知的程序错误。因为它指向未知的内存单元，读取的数据是垃圾数据，写数据则可能引发系统宕机。
- 建议定义指针变量时以NULL初始化，NULL是包括在stdio.h、stdlib等多个头文件中定义的符号字面量。NULL不指向任何内存单元，使用它不会意外改写不该访问的内存数据，有利于保护系统安全。

3.在处理一个星期的工作日和周末、月份、季度等类似的数据中，要求相关变量在合规的范围内取值。对于每个星期的某天只取1~7的一个整数值，当直接使用整型变量时，编译器不能检测该变量的取值是否合规，整型变量的合法取值范围远超1~7。C语言提供了一个机制让程序员可以定义一组符号名来表示这样一组有限的整数值。请阅读并运行下面的程序，并按要求完成提出的任务。

```
/*p1.2.8 – –使用枚举        */
#include <stdio.h>
int main(void)
{
   enum WeekDay{Mon,Tue,Wed,Thu,Fri,Sat,Sun};
   typedef enum WeekDay weekday;
   printf("%d  %d\n",Mon,Sun);
   weekday wday=Tue,rday=Sat;
```

记录程序的运行结果：

```
    printf("%d  %d\n",wday,rday);
    return 0;
}
```

（1）根据程序运行结果，写出下列符号量对应的值。

Mon　Tue　Wed　Thu　Fri　Sat　Sun

______________________________

（2）enum WeekDay在大括号中定义的符号名，第1个默认值是________，后面符号的值是________________________________。

（3）代码中的标识符WeekDay、weekday有何区别？可以用WeekDay来定义wday变量吗？如果可以，应怎样做？试一试后给出你的做法。

______________________________

（4）试一试，把enum WeekDay{Mon,Tue,Wed,Thu,Fri,Sat,Sun};中的Mon改为Mon=1，然后重新运行程序，根据程序结果，你发现了什么？其他符号名代表的值也可自己设置吗？

______________________________

## 日积月累

C YUYAN CHENGXU SHEJI JICHU RIJIYUELEI

- C语言中关键字enum定义由一组符号量组成的类型，称为枚举型。定义枚举类型的方法是：enum <枚举标记符>{<符号名1>,<符号名2> [,…]};。
- 枚举型其实是一个整数类型，定义中的符号名从左到右默认从0开始取值，每个符号名的值比它前一个增加1。采用“<符号名>=<值>”的形式给符号名指定需要的整数。同一枚举中符号名必须唯一，但符号名的值不要求唯一，通常也应保证枚举值的唯一性。
- 定义枚举型变量使用enum <枚举标记符> <变量名>;，这种方式与基本类型变量定义有些不一致，执行typedef enum <枚举标记符> <标识符>;后则可以用新的标识符来定义枚举变量。

4.请根据你对变量相关知识的学习，完成下面的任务。

（1）请为下面的对象定义相应的变量。

①珠峰的高度（单位：m）：________________

②你所在班的学生人数：________________

③中国人口总数：________________

④英语等级，初始等级为C级：________________

⑤一次考试的语文、数学和英语三科成绩：________________

（2）请说明你这样定义变量的理由。

______________________________

# ▶ 模块评价

## 实战演练

### 1.填空题

（1）C语言的常用数据类型有__________、__________、__________、__________。

（2）C语言中的数据对象有__________和__________两种形式。

（3）定义符号字面量DOMAIN代表域名地址mysql.org的命令是__________。

（4）变量包括__________、__________和__________3个要素。

（5）变量的使用遵守________________________原则。

（6）在书写实型字面量时对十进制小数形式的写法要求是__________，对指数形式的写法要求是______________________________。

（7）字符类字面量有_____________和_____________两种形式，它们使用的定界符分别为__________、__________。

（8）在存储数据5LL和55555时，分别占用的内存大小是__________和__________。

（9）指针变量用于存储________，定义一个指向char变量的指针pc的语句是________。

（10）有double *pd,dv;，则sizeof(pd)=__________，sizeof(dv)=__________。

（11）有int *p,cn=51;p=&cn;*p=36;则cn的值为____________________。

（12）有typedef long double ldouble;则sizeof(ldouble)=____________________________。

（13）定义枚举型变量Season表示一年四季的语句是______________________________。

### 2.判断题

（1）字面量表示具有确切值的数据对象，变量是值可能发生改变数据对象。（　）

（2）变量名是变量所对应内存单元的符号化地址。（　）

（3）变量所对应内存单元的个数取决于所存储数据的大小。（　）

（4）变量定义且赋予初始值后，才能参加运算。（　）

（5）转义字符是一个字符串。（　）

（6）“1”是一个字符，“111”是一个字符串。（　）

（7）符号字面量的值可以发生改变。（　）

（8）反斜线（\）和字母的组合都是转义字符。（　）

（9）语句long *p1,p2;声明了p1和p2两个指针变量。（　）

（10）指针变量和其他变量都是存储在计算机内存中的。（　）

（11）typedef int * pt;创建了一个指针类型pt。（ ）

（12）常量是一个只读型变量。（ ）

**3.选择题**

（1）下列数据在存储时所占内存空间最多的是（ ）。

A.32L　B.320　C.3200　D.3.2

（2）下列选项中，均是合法整型字面量的是（ ）。

| A.121 | B.078 | C.010 | D.0X5fd |
|---|---|---|---|
| 0xEEEE | 0f1 | 23,000 | 2E2 |
| 1010 | 300 | 0909 | 0XHE |

（3）下列选项中，均是合法实型字面量的是（ ）。

| A.3.15 | B.3110 | C.0x7.f | D.0. |
|---|---|---|---|
| 1.0E | 3E5.9 | 0.00E-3 | .126 |
| 32f | 1.25.6 | 750.0 | 1e1 |

（4）下列转义字符，正确的是（ ）。

A.'\K'　B.'\x99'　C.'\99'　D.'/n'

（5）下列正确的字符字面量是（ ）。

A.'字'　B.'\100　C.'\x'　D.'\'

（6）下列定义符号字面量PK，正确的是（ ）。

A.#define PK "NO"　B.#define PK "NO";

C.#define "NO" PK　D.#define PK= "NO"

（7）下列关于变量的定义及设置初始值，正确的是（ ）。

A.float x=0; y=0; z=0;　B.int a=1,b=2,c=3;

C.float x=y=z=0;　D.int a,b,c=1,2,3;

## 模块能力评价表

班级________　　姓名________　　年　月　日

| 核心能力 | 评价指标 | 自我评价（掌握程度） | |
|---|---|---|---|
| | | 基础知识 | 基本技能 |
| 分类程序中的数据 | ●能识别数据的类型<br>●能描述数据类型的特性 | ○○○○○<br>○○○○○ | ○○○○○<br>○○○○○ |
| 正确书写字面量 | ●知道各种类型字面量的书写规则和要求<br>●能正确写出各种类型的字面量<br>●会定义符号字面量 | ○○○○○<br>○○○○○<br>○○○○○ | ○○○○○<br>○○○○○<br>○○○○○ |
| 在程序中定义变量 | ●知道变量的概念和组成要素<br>●知道变量的使用原则<br>●会正确定义变量<br>●会给变量预置初值 | ○○○○○<br>○○○○○<br>○○○○○<br>○○○○○ | ○○○○○<br>○○○○○<br>○○○○○<br>○○○○○ |
| 其他 | | | |
| 综合评价： | | | |

# 模块三 / 数据运算和表达式

数据运算是程序为实现其功能的重要基础操作。在C语言中，用特定的符号来表达在数据对象上进行的运算操作，这些符号就是运算符（operator），参加运算操作的数据对象（字面量、变量或有返回值的函数）被称为操作数（operand）。运算符和操作数连接起来组成表达式，用于表达对数据进行的处理。为了能在程序中表达对数据的运算处理，必须理解运算符的运算规则和各种约束条件。学习完本模块后，你将能够：

+ 描述各种常用运算符的运算规则以及它们的优先级和结合性；
+ 写出符合语法规则的C语言表达式；
+ 正确计算各种表达式的值。

NO.1

[ 任务一 ]

# 计算算术表达式的值

算术运算是数据处理中最基本的运算操作。大多数算术运算符的运算规则都遵从数学上的运算规则，但也有个别运算符有与数学不同的处理要求。

1. 请分析下面程序的运行结果，并通过上机验证，归纳在C语言中算术运算符的运算规则和特定的要求。

```
/*p1.3.1 - -算术运算    */
#include <stdio.h>
int main(void)
{
    int m=19,n=5;
    float f1=5.6,f2=9.5;
    printf("%d  %d\n",m+n,m-n);
    printf("%d  %d\n",m/n,n/m);
    printf("%f  %f\n",19/5.0,19.0/5);
    printf("%d  %d \n",m*n,-m);
    printf("%f  %f\n",f1+f2,f1-f2);
    printf("%f  %f  %f\n",f1*f2,f1/f2,-f1);
    printf("%c %c\n",'B'-1,'B'+32);
    return 0;
}
```

记录程序的运行结果：

（1）程序代码中m+n、-m、19.0/5、f1*f2、'B'+32等表达了什么操作？它们其实是一些表达式，请据此描述什么是表达式。

表达式是________________________________________

（2）分析程序运行结果，完成下表。

| 算术运算符 | 名　称 | 操作数个数 | 操作数类型 | 运算规则 |
|---|---|---|---|---|
| - | | | | |
| + | | | | |
| * | | | | |
| / | | | | |
| % | | | | |

注意：如果与数学上的运算规则相同，运算规则栏可不填。

（3）语句printf("%f %f\n",19/5.0,19.0/5);中两个表达式的操作数类型不相同，它们能正确运算吗？从其结果来看，在执行运算之前做了什么工作？

______________________________

（4）请在程序最后添加下列语句行，再次执行程序，然后分析出现的情况。

```
printf("%d %f\n",19%5.0,f1%f2);
```

______________________________

## 眼下留神

C YUYAN CHENGXU SHEJI JICHU

YANXIA LIUSHEN

- 字符型数据在计算机中存储的是它的编码，英文字符一般为ASCII码，非英文字符如中文字符必须采用多字节编码，如UTF-8编码。
- 不论采用哪种编码，字符型数据本质上是一个无符号整型数据，因此，字符可以加上或减去一个整数，结果不超过字符编码范围时就是另一个字符编码。
- char型的取值范围是-128~127，它只能表示0~127共128个基本ASCII编码。处理大量小整数时，可用char型来表示，能节省可观的存储空间。此时建议把char定义成恰当代表整型的标识符，如typedef char smallint;等。
- unsigned char的范围为0~255，可表示128个基本ASCII字符和256个扩展ASCII字符。

2. 请根据你在数学课程中所学到的算术运算符的运算规则，计算下面程序中的表达式的值，并上机验证，然后回答表中提出的问题。

```
/*p1.3.2 - - 多运算符参加的混合运行  */
#include <stdio.h>
int main(void)
{
   int m=16,n=5;
   printf("%d \n",m+6-n);
   printf("%d \n",m+5*2-n);
   printf("%d \n",(m+5)*(2-n));
   printf("%d \n",m/n*n);
   printf("%d \n",m%n*10);
   return 0;
}
```

记录程序的运行结果：

（1）请描述什么是算术表达式。

______________________________

（2）当在算术表达式中出现多个运算符时，如何确定它们运算的先后顺序?

（3）表达式中的小括号有何作用?

（4）请归纳包括小括号在内的算术运算符同处于一个表达式中时，它们执行的先后顺序。

（5）你是否注意到在计算表达式的时候，你是从左到右顺序运算的，还是从右到左进行运算的? 试一试，从两个不同的方向计算表达式3+2-5的结果，看看有什么发现?

## 眼下留神

C YUYAN CHENGXU SHEJI JICHU YANXIA LIUSHEN

- 运算符三大特性，分别是运算规则、优先级和结合性，它们共同决定了表达式的运算结果。
- 优先级是指在表达式中运算符执行的先后顺序。
- 结合性是指操作数与运算符结合的方向，它分为左结合、右结合两种。左结合是指从左向右结合执行运算；右结合是指从右向左结合执行运算。结合性决定了优先级相同的运算符的执行先后顺序。
- 运算符所需要操作数的个数称为运算符的元。运算符有一元（unary）、二元（binary）和三元（ternary）之分。负号（-）是一元运算符，而+、-、*、/、%则是二元运算符。
- 在C语言中，双目运算符要求其两个操作数必须是相同的数据类型。不同类型的数据要转换成同一种数据类型后才能运算。C语言提供了两种数据转换方式。

①隐式类型转换：由编译器自动完成的类型转换，把其中级别低的操作数类型转换为另一个操作数的类型。转换规则如右图所示。箭头方向所指的是级别较高的数据类型。

←表示在运算时总要进行的转换。

↑表示操作数类型不同时的转换方向。

```
long double
 ↑
double ← float
 ↑
unsigned
 ↑
long long
 ↑
unsigned long
 ↑
long
 ↑
unsigned int
 ↑
int ← short，char，_Bool
```

转换规则

②强制类型转换：通过类型转换运算符来将表达式的值的类型转换为所需的数据类型，一般格式为：(<类型标识符>) <表达式>

如double fv=5.987;则(int)fv的值为int型的5。表达式(float)7/2首先把整数7强制转换成浮点数7.0，整数2也会隐式转换成浮点数2.0后再执行除法运算。

- 数据类型所表示的值域范围越大，其级别越高。把较高级别类型的数据强制转换成低级别类型的数据时，有丢失数据精度的风险。
- 隐式类型转换是一步到位的，不经过中间类型。强制类型转换并不能改变被转换表达式的数据类型。

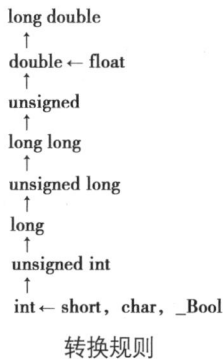

3.请把下面的数学表达式改写成C语言表达式，并回答下面的问题。

（1）数学表达式　　　　　　　　C语言表达式

$\frac{a+b}{2ab}$

$3x^2+2x+1$

（2）为了写出符合C语言语法规则又能保持原数学表达式的运算要求的表达式，你采取了什么措施?

______

（3）请归纳将数学表达式改写成C语言表达式的要点。

①______

②______

## 眼下留神

C YUYAN CHENGXU SHEJI JICHU YANXIA LIUSHEN

●基本的运算符只能提供有限的计算能力，要实现一些高级运算功能则需要编写专门的程序来完成。利用标准库中的函数来实现是一个不错的选择。

●头文件math.h声明了丰富的数学函数可用，它们的参数的返回值都是double型数据，下面列出常用的数学函数。

| 函数原型 | 说　明 |
|---|---|
| double　sqrt(double x) | x的平方根 |
| double　pow(double x,double y) | x的y次幂 |
| double　floor(double x) | 不大于x的最大整数 |
| double　ceil(double x) | 不小于x的最大整数 |
| double　fabs(double x) | x的绝对值 |
| double　log10(double x) | 以10为底的对数 |
| double　log(double x) | 以自然数e为底的对数 |
| double　exp(double x) | 自然数e的x次幂 |
| double　sin(double x) | x的正弦值 |
| double　cos(double x) | x的余弦值 |
| double　tan(double x) | x的正切值 |

●这些函数名后缀字符f或l就是处理float和long double类型版本的函数。

NO.2

# [ 任务二 ]

# 给变量赋值

变量是在程序中临时存储数据的程序对象，程序中待处理的数据、程序运行的中间结果以及数据处理的结果都要由变量来存储。计算机中实际存储数据的设备是内存，当要把数据存储到内存中时，执行的是写入操作；当从内存中提取数据时，执行的是读取操作。变量代表了内存，把数据写入内存对于变量而言就是赋值操作。

1.请运行下面的程序，根据运行结果考查程序中的赋值操作，回答表中提出的问题。

<table>
<tr>
<td>

```
/* p1.3.4 - -   给变量执行赋值操作   */
#include <stdio.h>
int main(void)
{
   int pl,mny,ttl=10;
   float m1,m2;
   double ewt,mnt;
   char syb,sgn;
   pl=521;
   mny=78.926;
   ttl+=5;
   m1=34.5;
   m2=669;
   ewt=100;
   mnt=3.5E+32;
   syb='A';
   sgn=97;
   printf("pl=%d,mny=%d,ttl=%d\n",pl,mny,ttl);
   printf("m1=%f,m2=%f\n",m1,m2);
   printf("ewt=%f,mnt=%f\n",ewt,mnt);
   printf("syb=%c,sgn=%c\n",syb,sgn);
   printf("syb=%d,sgn=%d\n",syb,sgn);
   return 0;
}
```

</td>
<td>记录程序的运行结果：</td>
</tr>
<tr>
<td colspan="2">（1）实现赋值操作的运算符是________，它的正确读法是：○等号 ○赋值号。它的作用是________________________________。</td>
</tr>
</table>

（2）试一试，把语句pl=521;改成521=pl;，根据编译器的提示信息，说明赋值号对操作数有何要求。

______

（3）可以把与变量数据类型不同的数据赋值给变量吗?

○可以　　○不可以

（4）当给变量赋予不同于它类型的数据时，会出现哪些情况? C语言是怎样处理的?

______

（5）请描述赋值运算ttl+=5的工作过程。你能仿照+=写出更多类似的运算符吗? 请编写程序验证它们的运算规则。

______

（6）赋值运算操作的顺序是：○从左到右　　○从右到左。

（7）可以把一个字符串赋值给一个字符变量吗? 请上机实验后作出决定。

○能　　○不能

（8）语句printf("syb=%d,sgn=%d\n",syb,sgn);的输出说明了什么? 可以把%d换成%u或者%llu吗? 试一试。

______

## 眼下留神

C YUYAN CHENGXU SHEJI JICHU YANXIA LIUSHEN

- 赋值操作的本质是向变量对应的内存单元写入数据，即改变内存单元相关电路的工作状态，或者说赋值改变变量的值。变量值的变化遵守“新来旧去”的原则。未重新赋值的变量保持它原来的值。
- 把与变量类型不同的数据赋值给变量，赋值运算符执行隐式类型转换把该数据转换成该变量相同数据类型的数据后，再把转换后的数据值赋给变量。
- 当把一个浮点数赋值给一个整型变量时，只把实数的整数部分赋值给变量。
- 字符的编码是无符号整型数据，因此，可以把一个字符赋值给一个整型变量，也可以把一个整数赋值给一个字符变量（该整数必须是一个有效的字符编码）。
- 在没有特殊需要的情况下，请不要把与变量类型不同的数据赋值给变量，以免出现数据处理误差或造成内存空间的浪费。
- 形如+=的运算符由一个其他运算符（算术运算符）和基本赋值运算符（=）组合而成，称为复合赋值运算符。它兼有其他运算符的运算功能和给变量赋值的功能。其他常用的复合赋值运算符还有：-=、*=、/=、%=。

2.请运行下面的程序，根据程序运行结果，描述C语言对赋值表达式的值的规定。

```
/* p1.3.4 – –测试赋值表达式的值   */
#include <stdio.h>
#define PR 125
int main(void)
{
   int pl,ttl=10;
   float fx;
   char syb;
   printf("%d %d\n",pl=521,ttl+=5);
   printf("%f \n",fx=34.5);
   printf("%c  ",syb='A');
   printf("%c \n",syb+=32);
   return 0;
}
```

记录程序的运行结果：

（1）若在程序中加一行PR＝250；编译程序时会出现什么情况？

______________________________

（2）请描述什么是赋值表达式，以及在C语言中赋值表达式的值的规定。

赋值表达式：______________________________

赋值表达式的值：______________________________

（3）在赋值表达式中，赋值号左边必须是__________，右边可以是__________。符号字面量使用了标识符，可以给符号字面量赋值吗？○可以　　○不可以

（4）请分析下面赋值表达式的运算过程和表达式的值以及各变量的值。

①float x,y,z;
x=y=z=5.7;

②int a=4,b=3,c=2;
a+=b*=c+=2;

（5）对比语句printf("%c  ",syb='A');和 printf("%c \n",syb+=32);的输出，你发现了什么？

______________________________

（6）把语句printf("%c  ",syb=97);和 printf("%c \n",syb-=32);添加到程序代码后，运行程序，根据输出结果，你能得出什么结论？

______________________________

**眼下留神** C YUYAN CHENGXU SHEJI JICHU YANXIA LIUSHEN

- C语言把赋值操作视为一种运行，因此由赋值号连接操作数构成赋值表达式。C语言中任何表达式都能计算出表达式的值。C语句规定赋值表达式的值为变量赋值后的值。
- char类型的变量既可以用字符赋值，也可以用整数赋值，只要整数在char允许的范围内。
- 字母字符的大小写编码不同，对应相差32，因此把大写字母编码加32可得对应小写字母，反之把小写字母编码减32结果是对应的大写字母。
- 在头文件ctype.h中声明了toupper()和tolower()两个库函数可把字母转换成对应的大写或小写形式。
- 符号字面量在程序中也是以标识符形式出现的，但它不是变量，它仅代表某个确切的字面值，因此不能给符号字面量赋值。
- 赋值运算符的左操作数必须是指定可读写的内存空间的标识符或表达式，称为左值（Lvalue），如变量或指针解引用表达式。而右操作数是要存储到左值的数据，形式上可以是字面量、变量或表达式，它们统称为右值（Rvalue）。

[ 任务三 ] NO.3

# 计算自增自减表达式的值

在程序中经常会用到计数操作，就是让计数器变量每次执行增1或减1的操作。C语言为了提高这种增1和减1的执行效率，专门设计了自增自减运算。

请分析并运行下面的程序，记录程序的运行结果，回答表中提出的问题。

<table>
<tr><td>

```
/* p1.3.5 - - 自增自减运算      */
#include <stdio.h>
int main(void)
{
    int x,y;
    x=1;y=x++;
    printf("x  y\n");
    printf("%d  %d\n",x,y);
    x=1;y=x--;
    printf("%d  %d\n",x,y);
```

</td><td>记录程序的运行结果：</td></tr>
</table>

```
    x=1;y=++x;
    printf("%d  %d\n",x,y);
    x=1;y=--x;
    printf("%d  %d\n",x,y);
    return 0;
}
```

（1）找出程序中的自增、自减表达式，并分类它们的形式。

Ⅰ类：______________________________称为________形式。

Ⅱ类：______________________________称为________形式。

（2）分析程序运行结果，填写下表。

| 运算符 | 表达式形式 | 表达式值 | 变量值 |
|---|---|---|---|
| ++ | 前缀： | | |
| | 后缀： | | |
| -- | 前缀： | | |
| | 后缀： | | |

（3）请根据填表描述自增、自减表达式的取值规则。

①前缀表达式：______________________________

②后缀表达式：______________________________

（4）请通过上机实验考查++、--运算符的操作数的形式和数据类型。

①可以参加自增自减运算的操作数的数据类型是______________。

②字面量和表达式能进行自增自减运算吗？请设计语句进行实验验证。

○能　　○不能

（5）试一试，分析语句x=1;y=++x*3;的执行结果，你发现++和*运算符哪个优先级高？

______________________________

（6）执行x=1;y=--x+x+++x;，你能分析出变量x和y的值吗？你认为像--x+x+++x这种在一个表达式中多次出现对一个变量执行自增、自减运算有何现实意义吗？为什么？

______________________________

**眼下留神** C YUYAN CHENGXU SHEJI JICHU YANXIA LIUSHEN

- 确定自增自减运算表达式值的简单方法是：观察表达式中变量和运算符的位置关系，变量在前，则表达式的值为变量自增（或自减）之前的值；变量在后，则表达式的值为变量自增（或自减）之后的值。
- 自增自减运算操作中隐含有赋值操作，因此不能对字面量和表达式进行自增自减运算。
- 不论是前缀形式还是后缀形式的自增自减表达式执行后，对变量的影响都是相同的，区别仅在表达式的值不同。
- 自增、自减运算符的优先级高于算术运算和赋值运算，结合性为右结合。
- 如果一个变量在同一表达式或调用函数的参数中多次出现，就不要对该变量使用自增、自减运算，避免出现不可预知的结果。C语言设计自增、自减运算的目的是快速对计数变量执行增1或减1的操作。

[ 任务四 ] NO.4

# 比较两个数的大小

计算机的CPU具有逻辑判断能力，因此程序能根据不同的条件作出不同的操作处理。应用问题中的简单条件通常转换成判断两个数据对象的大小关系。在C语言中，比较两个数据对象大小关系的运算称为关系运算。

1.阅读并上机运行下面的程序，然后回答表中提出的问题。

```
/*p1.3.6 - - 比较数的大小  */
#include <stdio.h>
int main(void)
{
   int a,b,c;
   float x1,x2;
   char c1,c2;
   a=3; b=6; c=9;
   x1=3.6; x2=-9.97;
   c1='1'; c2='a';
   printf("%d,%d\n",a>b,b<9);
```

记录程序的运行结果：

```
    printf("%d,%d\n",x1>=3,x2<=0);
    printf("%d,%d\n",c1==1,c2!='A');
    printf("%d,%d\n",a<b<c,a<b==1);
    printf("%d,%d",c>b>a,1!=1<c1);
    printf("%f\n",x1>x2?x1:x2);
    return 0;
}
```

（1）分析程序结果并填写下表。

| 关系表达式 | 运算符 | 名　称 | 表达的关系成立否 | 结　果 | C语言的值表示 |
|---|---|---|---|---|---|
| a>b | | | | | |
| b<9 | | | | | |
| x1>=3 | | | | | |
| x2<=0 | | | | | |
| c1==1 | | | | | |
| c2!='A' | | | | | |

注意：在表中“表达的关系成立否”栏填“成立”或“不成立”，在“结果”栏填“真”或“假”，即关系“成立”为“真”，关系“不成立”为“假”。

（2）关系表达式是表示____________________的表达式，关系表达式的运算结果有________种取值情况。

（3）在C语言中怎样表示关系运算的结果?

________________________________________

（4）根据对程序运行结果的分析（或自行设计关系表达式上机实验）描述关系运算符的优先级和结合性。

________________________________________

（5）字符参与关系运算，如何比较它们的大小关系?

________________________________________

（6）把语句printf("%d\n","Absort">"Abs");添加到程序中并编译运行程序，你还可以尝试用其他字符串来测试，然后根据程序运行的结果谈谈你的想法。

________________________________________

## 日积月累

C YUYAN CHENGXU SHEJI JICHU RIJIYUELEI

- 关系运算是指两个数据对象进行大小关系比较的运算。用关系运算符连接而成的式子称为关系表达式。
- 关系表达式表示的关系成立，结果为“真”，否则结果为“假”。在C语言中，关系表达式的结果为“真”，其值为1；结果为“假”，其值为0。人们把“真”“假”两种值称为逻辑值。
- 数值数据（整型和实型）按数值大小进行比较。字符按它的编码（无符号整型数）大小进行比较，英文字符通常是ASCII码，中文字符或其他非英语语言字符采用的编码与系统区域（locale）设置有关。
- 关系运算符的优先级分为两组：高优先级组：>，>=，<，<=；低优先级组：==，!=。
- ?:是一个三元运算符，其构成的表达式为：<表达式1>?<表达式2>:<表达式3>，当<表达式1>为真时取<表达式2>的值，否则取<表达式3>的值作为运算结果。

2.C语言定义的宽字符类型wchar_t可用于表示中文字符。阅读程序观察宽字符的表示与大小比较，然后回答表中提出的问题。

```
/*p1.3.7 ——比较中文字符   */
#include <stdio.h>
int main(void)
{
    char c1='A',c2='B';
    wchar_t mc1,mc2;
    mc1=L'南';mc2=L'北';
    printf("%#x  %#x\n",mc1,mc2);
    printf("%d  %d\n",mc1<mc2,c1<mc1);
    printf("%d  %d\n",c1==L'A',c2!=L'B');
    return 0;
}
```

记录程序的运行结果：

（1）请描述宽字符字面量的表示方法。

______________________________

（2）你能写出英文字符的宽字符字面量形式吗？它们的字节大小是多少？请在源程序中添加相应的语句进行验证。

______________________________

（3）中文字符参与大小比较时的依据是什么?

______________________________

（4）英文字符比较大小时与采用普通字符形式还是宽字符形式是否有关?

______________________________

**眼下留神** C YUYAN CHENGXU SHEJI JICHU YANXIA LIUSHEN

- 宽字符字面量书写时要前缀L（大写的l），英文字符也有宽字符形式。在Windows系统中wchar_t的大小是2字节。
- printf()函数中的%x表示输出十六进制形式的整数，%#x在输出十六进制形式的整数时前缀0x。
- C语言虽然支持宽字符，但在标识符中仍不能使用中文字符。
- 任何C语言表达式的结果都可以视为逻辑值。C语言规定："非0值"为"真"，"0值"为假。
- C语言没有字符串变量，也没有处理字符串的特别运算符。这里的关系运算符不能用于字符串的比较。
- C语言提供了专门的标准库函数来处理字符串，它们在string.h文件中进行了声明。其中strcmp()函数比较两个字符串，返回小于、等于或大于0的整数分别表示第1个字符串小于、等于或大于第2个字符串。

NO.5 [ 任务五 ]

# 表达复杂的条件

在实际应用中遇到的问题往往不是经过一个简单的检测就能决定下一步的处理路径，关系表达式只能表达一个简单的条件，在实际应用中往往需要把多个关系表达式连接起来以描述多种因素组合成的复杂条件。请运行并分析下面的程序，然后回答提出的问题。

```
/* p1.3.8 --逻辑运算    */
#include <stdio.h>
int main(void)
{
   int m=7,n=12;
```

记录程序的运行结果：

```
    char ch1='r',ch2='R';
    printf("%d\n",m>=0&&m<=10);
    printf("%d\n",n>=0&&n<=10);
    printf("%d\n",m<=0||m>=10);
    printf("%d\n",n<=0||n>=10);
    printf("%d\n",ch1>='a'&&ch1<='z');
    printf("%d\n",ch2>='a'&&ch2<='z');
    printf("%d\n",!(ch1>='a'&&ch1<='z'));
    printf("%d\n",!(ch2>='a'&&ch2<='z'));
    return 0;
}
```

（1）根据程序运行结果填写下表。

| 关系表达式 | 运算符 | 名　称 | 表达式的值 |
|---|---|---|---|
| m>=0&&m<=10 | | | |
| n>=0&&n<=10 | | | |
| m<=0\|\|m>=10 | | | |
| n<=0\|\|n>=10 | | | |
| ch1>='a'&&ch1<='z' | | | |
| ch2>='a'&&ch2<='z' | | | |
| !(ch1>='a'&&ch1<='z') | | | |
| !(ch2>='a'&&ch2<='z') | | | |

（2）根据上表中的数据分析逻辑运算符的运算规则，并填写下表。

| 逻辑运算符 | 名　称 | 运算规则 |
|---|---|---|
| && | | |
| \|\| | | |
| ! | | |

（3）试一试，逻辑运算符的操作数除了关系表达式外，还可以是其他类型的表达式吗？请自行设计实验，并作出结论。

______________________________________________

（4）请你分析以下逻辑表达式的值并上机验证，然后归纳逻辑运算符的优先级和结合性。

①4||7&&0　　　　②!5&&79

你的结论：______________________________________________

（5）写出表达下列条件的表达式。

①ch 是数字字符：________________

②ch是英文字母：________________

③整数x不是偶数：________________

（6）分析下面表达式执行后变量x的值，归纳C语言对这类表达式的处理方法。

```
int x=4,y=2,z=7;
y>z && x++                y<z || x++
y<z && z>7 && x++         y>z || z>=7 || x++
y<z && z>=7 &&x++         y>z || z>7 || x++
```

你的结论：________________

## 眼下留神

C YUYAN CHENGXU SHEJI JICHU YANXIA LIUSHEN

●由于C语言把任何数据类型的值都可视为逻辑值，因此逻辑运算符不仅连接关系表达式，还能连接其他类型的表达式。

●形如A && B && C这类用&&连接成的串联表达式，如果表达式A为假，则不再计算表达式B和C，依次类推。

●形如A || B || C这类用||连接成的串联表达式，如果表达式A为真，则不再计算表达式B和C，依次类推。

## 日积月累

C YUYAN CHENGXU SHEJI JICHU RIJIYUELEI

●逻辑运算符的运算规则，A、B是作为操作数的表达式。

| A | B | !A | A&&B | A\|\|B |
|---|---|---|---|---|
| 0 | 0 | 1 | 0 | 0 |
| 0 | 1 | 1 | 0 | 1 |
| 1 | 0 | 0 | 0 | 1 |
| 1 | 1 | 0 | 1 | 1 |
| 说明 | | !A的结果是对A取反 | A、B同时为真，A&&B的结果为真 | A、B同时为假，A\|\|B的结果为假 |

●逻辑运算符的优先级由高到低的顺序是：!，&& ，||。

●在C语言中，逻辑表达式结果为真，其值为1；结果为假，其值为0。

[ 任务六 ] NO.6

# 按位进行运算

现代电子计算机系统中的任何类型的数据都是用二进制形式的数据表示的，不论对数据执行什么操作，最终都是二进制数的运算。C语言定义了操作二进制数位（bit）的运算，这会让在物联网等嵌入式开发中控制设备和从设备获取工作状态变得直接而方便。当然，位运算的应用不限于此，在网络通信、内存管理和文件管理中都离不了位运算。

1.某集团公司按周统计员工是每天准时上班以及周末是否上班的情况，为减小门禁系统的内存占用量，只为员工分配一个字节的存储空间来记录上班的数据，字节最低位表示周一，第2位表示周二，依次类推，最高位没使用，相应位值为1表示准时，0表示未准时。运行下面的程序，分析程序执行结果并完成相关的要求。

```
/* p1.3.9 - - 位运算     */
#include <stdio.h>
int main(void)
{
   typedef unsigned char ubyte;
     enum weekday{Mon=1,Tue=2,Wed=4,Thu=8,
                     Fri=16,Sat=32,Sun=64};
   ubyte wd=0;
   wd=wd | Mon;  //周一准时
   wd=wd | Thu;  //周四准时
   wd=wd | Sat;  //周六上班
   printf("wd=%#hhx  %hhu\n",wd,wd);
   wd=~wd & 0x7f;  //0x7f相当于二进制的01111111
   printf("wd=%#hhx  %hhu\n",wd,wd);
   wd=wd & 0;  //清0
   printf("wd=%#hhx  %hhu\n",wd,wd);
   return 0;
}
```

记录程序的运行结果：

（1）程序中ubyte是什么数据类型？画出横向排列的8个小方格表示一个字节，每个小方格代表一个二进制存储位，从右向左在每个方格上方标注其代表的位序号（从0开始编号），并在方格下方标注该数位的权值大小。

______________________________

（2）请把输出结果中的十六进制形式转换成相应的二进制位序列（1位十六进制数对应4个二进制数位，0x0相当于0000、0x8相当于1000、0xf相当于1111），找一找该二进制位序列是怎样记录员工上班情况的。

______________________________

（3）请描述运算符|、&是怎样控制二进制数位的变化的。

______________________________

（4）分析执行wd=~wd & 0x7f；后的输出结果，其二进制形式中1的个数是否代表了未准时上班和周末上班的天数？运算符“~”执行的是什么操作？用wd=wd ^ 0xff & 0x7f;替换该语句，运行的结果还相同吗？分析运算符“^”执行的运算操作。

______________________________

## 眼下留神

C YUYAN CHENGXU SHEJI JICHU
YANXIA LIUSHEN

●程序中通过typedef unsigned char ubyte;语句定义了1个字节大小的无符号整数类型ubyte，ubyte不用表示符号，它的8个位都用于表示数据，它可以表示0~255范围的正整数。它的8个位序号和对应位的权值如下所示。

| 7 | 6 | 5 | 4 | 3 | 2 | 1 | 0 |
|---|---|---|---|---|---|---|---|
| $2^7$（128） | $2^6$（64） | $2^5$（32） | $2^4$（16） | $2^3$（8） | $2^2$（4） | $2^1$（2） | $2^0$（1） |

●在printf()中，%hhx、%hhu、%hhd表示输出1个字节中数据为无符号十六进制形式、无符号十进制形式、有符号十进制形式。十六进制形式便于转换成二进制形式，以方便观察位运算的执行结果。

2.运行分析下面程序，考查移位运算规则，完成提出的要求并回答相关的问题。

```
/* p1.3.10 – –移位运算      */
#include <stdio.h>
int main(void)
{
   typedef signed char sbyte;
   typedef unsigned char ubyte;
```

记录程序的运行结果：

```
    ubyte wd1=0x80,wd2=0x08;
    printf("wd1=%#hhx  wd2=%#hhx\n",wd1,wd2);
    printf("wd1=%#hhu  wd2=%#hhu\n",wd1,wd2);
    printf("wd1>>1=%#hhu  wd1/2=%hhu\n",wd1>>1,wd1/2);
    printf("wd2<<1=%#hhu  wd2*2=%hhu\n",wd2<<1,wd2*2);
    sbyte sn=0xff;
    ubyte un=0xff;
    printf("sn=%#hhx  sn=%#hhd\n",sn,sn);
    printf("un=%#hhx  un=%#hhu\n",un,un);
    sn=-5;
    un=-5;
    printf("sn=%#hhx  sn=%#hhd\n",sn,sn);
    printf("un=%#hhx  un=%#hhu\n",un,un);
    return 0;
}
```

（1）对照变量wd1、wd2和表达式wd1>>1、wd2<<1的结果，你能说出运行>>和<<执行的是什么操作吗？表达式wd1>>1、wd2<<1中的1代表什么？试一试，换成其他数进行测试，看看有什么发现？

______________________________

（2）程序中标识符sbyte代表什么类型？你能测试它表示的数的范围吗？

______________________________

（3）给变量sn和un第1次赋值为相同十六进制数0xff，第二次赋值均为整数-5，然后输出它们数据的不同格式，你发现它们有何异同？能说出为何出现这样的结果吗？

______________________________

## 日积月累

C YUYAN CHENGXU SHEJI JICHU RIJIYUELEI

● 在网络通信、文件管理、物联网、自动化控制等方面离不开位运算。位运行的操作数是二进制位，其运算规则如下表所示。

| 操作数 | | 取反 | 位与 | 位或 | 异或 |
|---|---|---|---|---|---|
| op1 | op2 | ~op1 | op1 & op2 | op1 \| op2 | op1 ^ op2 |
| 0 | 0 | 1 | 0 | 0 | 0 |
| 0 | 1 | 1 | 0 | 1 | 1 |
| 1 | 0 | 0 | 0 | 1 | 1 |
| 1 | 1 | 0 | 1 | 1 | 0 |

● 移位运算分为右移（>>）和左移（<<）两种，对于无符号整数，右移时，最低位移出，最高位补0；左移时最高位移出，最低位补0。对有符号整数，右移时最低位移出，最高位补符号位，左移时，数值最高位移出，最低位补0。

● 位运算符右与赋值号结合构成相应的复合赋值运算符，分别是：&=、|=、^=、>>=、<<=，它们的左操作数必须是左值数据对象。

● 数据在计算机内采用机器码表示。以1字节大小的整数为例，机器码最高位代表数的符号（0代表+，1代表-），其余为数值位。原码是最直接的机器码，它的数值位是数的绝对值大小。整数5的二进制数形式为+101，对应的原码是00000101，-5的二进制数形式为-101，对应的原码是10000101。

● 整数在计算机内采用补码表示法，它是另一种机器码，正数的补码与原码相同，+5的补码是00000101，负数的补码由对应的原码变换而来，即保持原码符号位不变，数值位按位取反后，最低位加1。-5的补码为11111011。

● 负数补码的数值位不能直接表示数的绝对值大小，需要变换成对应的原码才可知道其绝对值大小，方法是补码符号位不变，数值位按位取反后，最低位加1。

● 内存中相同的二进制数值位，按不同数据类型解析得到的是不同的数据。这就是为什么指针变量存储的都是没有类型区别的内存地址，但却要为指针变量定义不同的数据类型，且指针变量只能存储同类型变量的地址，目的就是解引用时能正确解析所引用变量中的数据。

NO.7 ［任务七］

# 计算逗号表达式的值

C语言使用逗号（,）分隔多个表达式，并把这种表达式序列作为整体视为一个表达式。请观察并运行下面的程序，根据程序的运行结果回答表中提出的问题。

| 程序 | 记录程序的运行结果： |
| --- | --- |
| `/* p1.3.11 --逗号运算规则与表达式的值*/`<br>`#include <stdio.h>`<br>`int main(void)`<br>`{`<br>`  int a=2,b,y;`<br>`  y=(b=++a,a=3,a+2);`<br>`  printf("y=%d\n",y);`<br>`  y=(b=a+6,a--,a-b/2,8%13);`<br>`  printf("y=%d\n",y);`<br>`  return 0;`<br>`}` | |

（1）根据你对程序的分析，请写出逗号表达式的一般格式。

______________________________

（2）C语言中逗号表达式的值是怎样规定的？

______________________________

（3）逗号表达式的结合性是____________。

（4）在计算逗号表达式的值时，只计算其最右边子表达式的值，从而确定逗号表达式的值，这样是否可行？谈谈你的看法。

______________________________

## 眼下留神

C YUYAN CHENGXU SHEJI JICHU YANXIA LIUSHEN

- 计算逗号表达式的值时要从左向右依次计算各子表达式的值，然后取最右边子表达式的值作为表达式的值。
- 字面量和变量也可称为表达式，它们是表达式的特例。
- 要正确计算表达式的值，你必须熟悉各种运算的运算规则、优先级和结合性。

## 日积月累

C YUYAN CHENGXU SHEJI JICHU RIJIYUELEI

- 逗号表达式的一般格式为：<表达式1>,<表达式2>,<表达式3>,[…]。
- 逗号运算符的结合性是左结合。C语言规定逗号表达式中最右边子表达式的值为整个逗号表达式的值。
- 常用运算符的优先级和结合性见下表。

| 优先级 | 运算符 | 名　称 | 结合性 |
|---|---|---|---|
| 1 | () | 括号运算 | 左结合 |
| | [] | 数组索引 | |
| | . | 结构成员限定 | |
| | -> | 指针 | |
| 2 | ! ~ | 逻辑非、位取反 | 右结合 |
| | ++ -- | 自增自减运算 | |
| | + - | 正号、取负运算 | |
| | (类型标识符) | 强制类型转换 | |
| | & | 取变量地址运算 | |
| | * | 指针解引用 | |
| | sizeof | 测试数据字节数 | |

续表

| 优先级 | 运算符 | 名　称 | 结合性 |
| --- | --- | --- | --- |
| 3 | * / % | 算术乘、除、取模运算 | 左结合 |
| 4 | + - | 算术加、减运算 | 左结合 |
| 5 | << >> | 左、右移位 | 左结合 |
| 6 | < <=<br>> >= | 小于、小于等于关系运算<br>大于、大于等于关系运算 | 左结合 |
| 7 | == != | 等于、不等于关系运算 | 左结合 |
| 8 | & | 位与 | 左结合 |
| 9 | ^ | 位异或 | 左结合 |
| 10 | \| | 位或 | 左结合 |
| 11 | && | 逻辑与运算 | 左结合 |
| 12 | \|\| | 逻辑或运算 | 左结合 |
| 13 | ?: | 条件运算 | 右结合 |
| 14 | =<br>+= -= *= /= %=<br>&= ^= \|= <<= >>= | 基本赋值运算<br>复合赋值运算 | 右结合 |
| 15 | , | 逗号运算 | 左结合 |

● 可以发现一元运算符优先级较高，均为右结合性。复合赋值运算符的优先级与基本运算符优先级相同，与所结合的运算符优先级无关。

# ▶ 模块评价

## 实战演练

### 1.填空题

（1）算术运算符的优先级顺序是____________________。

（2）表达式39%7的值是________，321%372的值是____________。

（3）赋值运算的左操作数必须是________，自增自减运算的操作数必须是________。

（4）在表达式中，如果所有运算符的优先级是一样的，应采用__________来确定运算的先后顺序。

（5）若int x=3，则表达式x++的值是________，++x的值是______________。

（6）关系表达式的值有________种，在C语言中用__________和__________来表示。

（7）关系运算符的优先级高的一组是______________，低的一组是_____________。

（8）逻辑运算符按优先级由低到高排列为________________________________________。

（9）用1字节表示整数，则4&5=________，4^5=________，4|5=________。

（10）用1字节表示整数，则33>>2=________、33<<2=________。

（11）表达式x=137,y=x*x+3.5,78/5的值是____________________________________。

（12）float x=−3.5;则x>0?x:−x的值是________________。

## 2.判断题

（1）%运算要求两操作数必须是整型数据。（ ）

（2）表达式7/2和7./2结果相同。（ ）

（3）赋值号=的优先级最低。（ ）

（4）赋值号*=的优先级比+=要高。（ ）

（5）自增自减运算符的操作数据必须是整型数据。（ ）

（6）字符可以参与算术运算。（ ）

（7）逗号表达式的值是各个子表达式之和。（ ）

（8）分别执行表达式−−x和x−−后，x的值相同。（ ）

（9）变量的值一定会改变。（ ）

（10）给变量赋值后，变量的值为所赋的值和原值的累加和。（ ）

## 3.选择题

（1）已知有int x=5；，分别执行表达式y=x++和y=++x后，y 的值分别为（ ）。

A.5，5　　B.6，5　　C.5，6　　D.6，6

（2）下列表达式正确的是（ ）。

A.210　　B.x+y=10　　C.++(m+5)　　D.45%6.0

（3）已知float x=5.15；，表达式−−x的值为（ ）。

A.4.15　　B.4　　C.5.14　　D.执行出错

（4）有数学表达式$\frac{3xy}{pq}$（其中的字母是变量），则不正确的C语言表达式是（ ）。

A.3*x*y/p*q　　B.x*y/p/q*3　　C.3*x*y/(p*q)　　D.3*x*y/p/q

（5）有int x，y；，若x=3，则表达式y=x+5.0/2的值为（ ）。

A.5　　B.4　　C.4.5　　D.5.5

**4.请分析并写出下列表达式及各变量的值**

（1）已知int m = 5, y = 2；，求表达式y += y– = m *= y的值。

（2）已知int a；，求表达式（a=4*5, a*2），a+6的值。

（3）已知int a = 4；，求表达式a+=a–=a*a的值。

（4）已知float a=7,b = 2.5,c = 4.7；，求表达式b+（int）（a/3*（int）（a+c）/2）%4的值。

（5）已知int a = 2，b = 3；float x = 3.5，y = 2.5；，求表达式（float）（a+b）/2+（int）x%（int）y的值。

**5.请把下列数学表达式改写成合法的C语言表达式。**

（1）$y=x^2+6x-34$

（2）$y=a\left(x+\frac{b}{2a}\right)+\frac{4ac-b^2}{4a}$

（3）$y=\frac{a(x-b)}{b-c}+6x$

（4）$y=3y+2\div 4y-5$

**6.按要求写出正确的关系表达式或逻辑表达式。**

（1）字符变量dgt保存的是字母。

（2）字符变量sp是空白字符。

（3）整数m是大于10的奇数。

（4）变量y存放的是年份，y是闰年。

（5）x取大于10和小于0的数。

## 模块能力评价表

班级＿＿＿＿＿＿　　姓名＿＿＿＿＿＿　　年　月　日

| 核心能力 | 评价指标 | 自我评价（掌握程度） | |
|---|---|---|---|
| | | 基础知识 | 基本技能 |
| 计算算术表达式的值 | ●会正确书写算术运算符并能描述它们的优先级和结合性<br>●理解算术运算的运算规则和特殊规定<br>●能正确写出既符合C语言的语法规则，又满足数学要求的算术表达式 | ○○○○○<br>○○○○○<br>○○○○○ | ○○○○○<br>○○○○○<br>○○○○○ |
| 给变量赋值 | ●知道赋值运算符的作用和附加功能<br>●理解复合赋值运算符的运算过程<br>●能判断赋值表达式的合法性和赋值表达式的值 | ○○○○○<br>○○○○○<br>○○○○○ | ○○○○○<br>○○○○○<br>○○○○○ |
| 计算自增自减表达式的值 | ●能正确识别自增自减表达式的形式<br>●能正确计算不同形式的自增自减表达式的值 | ○○○○○<br>○○○○○ | ○○○○○<br>○○○○○ |
| 表达式问题中的条件 | ●知道真假的概念和在C语言中的表示<br>●知道关系运算符的运算规则、优先级、结合性<br>●知道逻辑运算符的运算规则、优先级、结合性<br>●能计算关系表达式、逻辑表达式的值<br>●能正确书写关系表达式和逻辑表达式 | ○○○○○<br>○○○○○<br>○○○○○<br>○○○○○<br>○○○○○ | ○○○○○<br>○○○○○<br>○○○○○<br>○○○○○<br>○○○○○ |
| 计算逗号表达式的值 | ●会书写逗号表达式<br>●理解关于逗号表达式的值的规定<br>●能正确判定逗号表达式的值 | ○○○○○<br>○○○○○<br>○○○○○ | ○○○○○<br>○○○○○<br>○○○○○ |
| 其他 | | | |
| 综合评价： | | | |

# 模块四 / 实现程序中输入输出数据

计算机要处理的数据几乎全都来自系统外部，如外部存储器中存储的数据、网络通信数据，以及用键盘、麦克风、传感器等设备采集的数据。计算机处理后的数据必须输出才有实用价值，如显示出来供用户阅读，写入外部存储器长期保存，驱动执行器实现自动化控制或通过网络传输到远地。因此，数据的输入、输出是程序设计中的重要方面，而且还是与用户打交道的接口，称为用户界面（UI，User Interface）。UI设计的优劣直接影响程序的使用和认可度。C语言本身没有数据输入、输出能力，它使用标准的输入、输出库函数来实现数据的输入和输出操作。学习完本模块后，你将能够：

+ 为程序设计易用的数据输入界面；
+ 为程序设计简洁的数据输出界面。

[ 任务一 ] NO.1

# 为程序输入数据

1.数据源产生的数据需要通过输入设备的转换才能传输到主机的内存储器中，然后被程序执行需要的处理操作。换句话说，输入的数据都是存放在变量中的，为程序输入数据实际上是给程序中的变量输入数据。请阅读并运行下面的程序，然后操作程序，回答表中提出的问题。

```
/*p1.4.1 - - 格式化输入数据        */
#include <stdio.h>
int main(void)
{
   int m,n;
   float x,y,z;
   char ch0,ch1,ch2;
   scanf("%d%d",&m,&n);
   scanf("%f%f%f",&x,&y,&z);
   scanf("%c%c%c",&ch0,&ch1,&ch2);
   printf("m=%d, n=%d\n",m,n);
   printf("x=%f,y=%f,z=%f\n",x,y,z);
   printf("ch0=%c, ch1=%c, ch2=%c\n",ch0,ch1,ch2);
   return 0;
}
```

记录程序的运行结果：

（1）通过对程序的观察， 你认为哪些语句在执行数据输入操作？描述使用scanf()函数的一般格式：

______________________________

（2）scanf()函数的参数为用________分隔的两部分，第一部分是一个__________，称为格式控制串，其中的字符由一个________和一个________组成，被称为格式转换说明符；第二部分是由形如___________组成的变量地址列表。那么，scanf()函数的参数个数是固定的吗?

①请描述格式转换说明符的作用。

| 格式转换说明符 | 作　用 | 转换后的数据类型 |
|---|---|---|
| | | |
| | | |
| | | |
| | | |

②取变量地址的一般格式为______________，请你通过实验考查字面量和表达式这两种形式的数据对象能否进行取地址操作，并谈谈你选择的理由。

__________________________________________

（3）请描述scanf()函数的执行过程。

__________________________________________

（4）当在一个scanf()函数中输入多个数据时，你用了什么字符来分隔数据？请根据实验结果，分情况加以说明。如果使用诸如逗号（,）来分隔，可以实现吗？

__________________________________________

（5）如果你没有机会阅读本程序的源代码，那么在程序运行时，你能顺利输入程序需要的数据吗？你认为应怎么改进本程序的输入界面设计？

__________________________________________

## 眼下留神

C YUYAN CHENGXU SHEJI JICHU
YANXIA LIUSHEN

- 数据的输入是指数据从数据源流入主机，而主机处理后的数据流出到接收数据的设备，就是数据输出。C语言数据的输入源和输出目的称为流（stream），分别称作输入流和输出流。
- 在C语言中，流是对输入/输出设备的抽象描述，流与设备是相互独立的。一个设备可关联到多个流，如键盘关联到一个输入流，而硬盘设备则可以同时关联到输入流和输出流。根据对流中的字节解读方式的不同，流分为字符流（character stream）和字节流（binary stream）两种。
- C语言在头文件stdio.h中定义了3个标准的流stdin、stdout和stderr，分别为标准输入、标准输出和标准的错误输出。默认情况下stdin对应键盘输入，stdout和stderr均对应显示器输出。
- 在我们看来，从键盘输入的是有类型区别的数据，如整数、浮点数、字符等，对计算机而言就是一串没有任何区别的字符流，它们被存储在键盘输入缓冲区中等待下一步处理。
- 缓冲区（buffer）是在内存中建立的一块暂存数据的存储区域，用于数据传输处理过程中缓存数据，可有效协调数据流两端设备数据处理速度差异，使得数据传输更高效。缓存大小与系统有关，C语言使用BUFSIZ定义，其值为512字节。
- 标准流stdin、stdout使用缓冲区，输入的数据或输出的数据不会立即输入/输出，只有当缓冲区满，或遇到回车，或关闭文件时才执行实际的数据传输。stderr流不使用缓冲区，出错信息总是第一时间输出显示。

## 日积月累

C YUYAN CHENGXU SHEJI JICHU
RIJIYUELEI

- 输入函数scanf()的使用格式：scanf(<格式控制串>,<变量地址列表>)，执行后返回一个整数代表正确读入数据的个数。
- scanf()函数的第1个参数称为格式控制字符串，其中%打头的字符组合称为格式转换说明符（conversion character）简称格式符，其代表一种数据类型格式，它控制着从缓冲区中读取的字符序列解释成何种类型的数据。除格式符之外的其他字符为普通字符。
- scanf()函数执行时，从左向右扫描格式控制字符串，当遇到格式符时，即按要求从键盘缓冲区读取一段字符序列，然后把它们转换成相应类型的数据，并存储到指定地址所引用的内存单元中（或说存储到指定的变量）；当遇到普通字符时，则从缓冲区中读取相匹配的字符，如果没有匹配的字符，函数执行将出错而退出，否则继续扫描格式控制字符串直到结束。
- 使用scanf()函数输入数据时，数据（字符除外）之间默认用一个或多个空白字符分隔开。常用空白字符有空格（' '）、水平制表符（'\t'）、换行符（'\n'）。如果不是要输入空白字符，则连续输入的多个非空白字符间默认不使用任何分隔符。

2.下面程序代码分成了3个语句组，其中有错误或不当的地方。建议按代码中的注释进行分组测试（把其他组的语句变成注释），使程序能正常运行，然后回答表中提出的问题。

```
/*p1.4.2 - -格式化输入数据        */
#include <stdio.h>
int main(void)
{
    int m;
    float x,y,z;
    char c0,c1,c2,c3;
    //语句组1
    scanf("请输入1个整数：%d",&m);
    printf("m=%d\n",m);
    //语句组2
    printf("请输入逗号分隔的3个实数：\n");
    scanf("%f,%f,%f,x,y,z");
    //语句组3
    scanf("%d%d%d%d",&c0,&c1,&c2,&c3);
    printf("c0=%c,c1=%c,c2=%c,c3=%c\n",c0,c1,c2,c3);
    return 0;
}
```

记录程序的运行结果：

（1）语句组1的scanf()函数的格式控制串中，文字有没有起到提示输入的作用？以什么形式才能为变量m输入预期的数据？

______

（2）语句组2的语句有没有什么错误？修改后执行时，有没有给你明确的输入提示？提示信息是如何用程序实现的？综合语句组1、语句组2的测试结果，你能给出在scanf()函数的格式控制串中使用普通字符的恰当建议吗？

______

（3）在执行语句组3时，输入“65　66　67　68”，它们分别是字母A、B、C、D的编码值，测试结果是否符合你的预期？为什么？如果把scanf()函数的格式控制串中的%d换成%hhd再测试，这次得到什么结果？这说明了什么？

______

（4）试一试，在语句组3中用语句scanf('%d',&c0);和scanf('%d',&c3); 分次替换语句scanf("%d%d%d%d",&c0,&c1,&c2,&c3);，根据运行结果，你能发现什么？

______

**眼下留神**　C YUYAN CHENGXU SHEJI JICHU YANXIA LIUSHEN

- scanf()函数的格式控制串中的普通文字不显示，故不能起到提示输入的作用。用户在输入数据时还要求原样输入这些不显示的普通字符，否则不能输入正常数据。建议在scanf()的格式控制串中只使用格式符。如果要使用普通字符，请给用户以明确的操作提示。
- 格式转换说明符决定了对读取到的字符序列的解析。要正确输入数据，则要求格式转换说明符与地址列表中的变量要一一对应，即个数相同、类型一致，否则将导致变量不能获取你期望的正常数据。
- 可以在scanf()函数的格式控制串中使用空白字符来分隔格式转换说明符，在输入时，所有数据都统一采用空白字符来分隔，这有助于增进理解输入，也符合人们普遍的数据输入习惯。

3.从键盘输入你认为的任何形式的数据都是以字符形式的序列缓存在缓冲区中，如果仅是输入字符则无须执行格式转换。请执行下面的程序，比较程序的操作和输出结果，然后回答表中提出的问题。

```
/*p1.4.3 – – 无格式输入字符  */
#include <stdio.h>
int main(void)
{
    char ch1,ch2;
    printf("请按字母y，然后回车\n");
    ch1=getchar();
    printf("请按字母y，然后回车\n");
    scanf_s("%c",&ch2,sizeof(char));
    printf("ch1=%c,ch2=%c",ch1,ch2);
    return 0;
}
```

记录程序的运行结果：

（1）从程序执行结果来看函数getchar()的功能是什么？它对读取的字符有没有进行什么格式上的转换？

______________________________

（2）执行程序的输出结果与你的分析结果一致吗？为什么？你能修改程序代码使输出为ch1=y,ch2=y吗？

______________________________

（3）把scanf_s("%c",&ch2,sizeof(char));改为scanf("%c",&ch2);再执行程序，结果有变化吗？试一试，可以用scanf_s()函数输入整数和浮点数吗？你能说出scanf_s()和scanf()函数有什么不同吗？

______________________________

## 日积月累

C YUYAN CHENGXU SHEJI JICHU RIJIYUELEI

●scanf_s()函数是scanf()函数的安全版本，其使用方法类似，区别是用%c、%s、%[]输入字符和字符串时，在提供变量地址的同时还需提供变量能容纳的字节数。在输入字符数据时使用scanf_s()函数能提高程序的安全性。

●格式转换说明符的构成规则

%[*][<域宽度>][<类型长度修饰符>]<格式转换说明符>

%是格式转换说明符的开始引导字符，不可省略；

*表示略过读入的字符序列，不要为它准备存储地址；

域宽度是一个无符号整数，用于指定本格式转换说明要读取的字符个数；

类型长度修饰符用于指具体的数据类型，如hh、h、l、ll、L等；

格式转换说明符代表数据类型的字符，如d、i、u、x、f、c、s等。

●格式转换说明符的目标数据格式及适应的数据类型。

| 格式说明符 | 数据格式 | 数据类型 |
|---|---|---|
| %d | 有符号十进制整数 | int、long |
| %i | 有符号十进制整数。自动识别八、十、十六进制的输入格式 | int、long |
| %o | 无符号八进制整数 | int、long |
| %u | 无符号十进制整数 | int、long |
| %x\|%X | 无符号十六进制整数 | int、long |
| %a\|%A | 十六进制浮点数 | float |
| %f\|%F | 十进制浮点数 | float |
| %e\|%E | 十进制指数形式浮点数 | float |
| %g\|%G | 十进制小数或指数形式浮点数，自动识别小数或指数输入格式 | float |
| %c | 字符 | char |
| %s | 字符串 | char* |
| %[] | []中列出的字符组成的字符串 | char* |
| %% | 读取输入序列中的%，但不存储 | – |

●类型长度修饰符进一步说明数据的具体类型，详情见下表。

| 修饰字符 | 适用格式转换说明符 | 数据类型 | 示例 |
|---|---|---|---|
| hh | d、i、o、x、X、u | signed char<br>unsigned char | %hhd<br>%hhu |
| h | d、i、o、x、X、u | short int<br>unsigned short int | %hd<br>%hu |
| ll | d、i、o、x、X、u | long long int<br>unsigned long long int | %lld<br>%llu |
| z | d、i、o、x、X、u | size_t | %zd |
| l | a\|A、e\|E、f\|F、g\|G | double | %lf |
| L | a\|A、e\|E、f\|F、g\|G | long double | %Lf |

注意：格式字符中x|X、a|A、e|E、f|F、g|G，它们的大小写没有功能区别。

●一个格式转换说明符读取一段字符序列，或称为一个输入域（field），%c的输入域是单字符（包含空白字符），其他格式转换说明符的输入域是由空白字符分隔开的字符序列。读取时将忽略输入域前后的空白字符。

**眼下留神** C YUYAN CHENGXU SHEJI JICHU YANXIA LIUSHEN

- 当格式转换说明符在解析时，如遇到不能识别的字符时，则停止转换操作，并把非法字符或空白字符重新放回输入缓冲队列中，由后一个格式转换说明符读取解析。
- getchar()是非格式化输入函数，它从输入缓冲队列读取原始的字符，不作格式转换，直接返回该字符的整数编码。如有字符变量ch，则使用格式为：ch=getchar();，其功能与scanf("%c",&ch);等价。头文件conio.h声明了与getchar()类似的函数getch()，使用getch()时，输入不回显，适合密码字符的输入。
- getc()函数从指定的输入流读取字符并返回字符的编码，当读到输入流末尾时，返回EOF（end of file）。在stdio.h中，EOF定义是一个负数，一般为-1。getc()函数从键盘读入字符时，格式为ch=get(stdin)。按“Ctrl+C”将结束stdin流。
- 键盘输入缓冲区采用行缓冲，字符按输入的先后顺序进入缓冲队列，直到用户按下回车输入换行符（\n），输入函数开始读取字符，直到缓冲区读空，再等待用户输入。
- 当为格式转换说明符指定了域宽度时，输入的字符序列就可以不用空白字符分隔成若干输入域。这等于从磁盘文件中读取数据。

[任务二]

NO.2

# 输出程序中的数据

数据处理的结果必须要输出才能实现数据处理的价值，实现程序的功能，因此一个程序必须有正确的数据输出操作。数据输出目的地可以是显示器、打印机、磁盘文件、网络、执行器，甚至是本机内正在运行的另一个程序。本任务只涉及面向人使用的显示输出，简洁、直观的输出能有效提高用户的工作效率。设计输出界面是程序设计的重要内容。

1.下面程序展示整型数据的输出，仔细阅读程序代码并记录运行结果，然后对比分析输出结果，回答后面提出的问题。

<table>
<tr>
<td>

```
/*p1.4.4 – –输出整数      */
#include <stdio.h>
#include <limits.h>
int main(void)
{
   typedef signed char byte;
   int m=5,n=–56,t=567;
   int p=251,q=37,r=9268;
```

</td>
<td>记录程序的运行结果：</td>
</tr>
</table>

```
    printf("1:%d%d%d\n",m,n,t);
    printf("1:%d %d %d\n\n",m,n,t);
    printf("2:m=%d n=%d t=%d\n",m,n,t);
    printf("2:p=%d q=%d r=%d\n\n",p,q,r);
    printf("3:m=%+6dn=%+6dt=%+6d\n",m,n,t);
    printf("3:m=%-6dn=%-6dt=%-6d\n",m,n,t);
    printf("3:p=%-6dq=%-6dr=%-6d\n\n",p,q,r);
    int i_n=0x01;long l_n=0x01;long long ll_n=0x01;
    printf("4:%d  %d  %d\n",i_n,l_n,ll_n);
    ll_n=0x00000100000001;
    printf("4:%d  %d\n",ll_n,ll_n);
    printf("4:%lld  %lld\n",ll_n,ll_n);
    short h_n=0x1f;byte hh_n=0x1f;
    printf("4:%d  %d\n",h_n,hh_n);
    printf("4:%hd  %hhd\n\n",h_n,hh_n);
    unsigned u_n1=65535,u_n2=UINT_MAX;
    printf("5:%d  %d\n",u_n1,u_n2);
    printf("5:%u  %u\n\n",u_n1,u_n2);
    h_n=0x8f,hh_n=127;
    printf("6:%x  %X\n",h_n,h_n);
    printf("6:%#x  %#X\n",hh_n,hh_n);
    printf("6:%x  %i\n",hh_n+1,hh_n+1);
    printf("6:%#hhx  %hhi\n",hh_n+1,hh_n+1);
    return 0;
}
```

（1）阅读程序，观察printf()标准输出函数的使用方式，然后试写出printf()函数的一般使用格式。

____________________________________________

（2）通过分析输出结果，你发现printf()函数的第1个参数是由__________组成的字符串，其作用是________________。后续参数由_____________待输出的数据表达式列表。

（3）按输出中的序号分组分析输出效果，然后描述printf()函数中格式转换说明符的作用，填写下表。

| 格式字符 | 作　用 | 适用类型 |
| --- | --- | --- |
| | | |
| | | |
| | | |
| | | |

注意：如果表格行不够用，请按需要增加。

（4）printf()函数对第1个参数中的普通字符是如何处理的？待输出数据项可用哪些方式提供？

______________________________

（5）请描述printf()函数的工作过程。你认为printf()函数第1个参数中的格式符与输出数据项应是什么关系？请设计实验验证自己的看法。

______________________________

## 眼下留神

C YUYAN CHENGXU SHEJI JICHU YANXIA LIUSHEN

- printf()函数的第1个参数是由格式转换说明符和普通字符组成的字符串，它控制着数据输出的视觉效果，称为格式控制字符串。格式转换说明符以%引导，代表一种数据类型格式，它是输出占位符，表明在该位置输出其代表格式的数据，实际数据来自与它对应的输出列表中的数据项。
- printf()函数的格式控制串中出现的普通字符，将原样输出到显示器屏幕上，可以利用这些普通字符来设计数据的输出格式。
- 不管是哪种类型的整数，只要其实际取值没超过int型的表示范围，都可以用%d来输出，否则必须前置类型长度修饰符以指定与待输出数据相匹配的数据类型。
- 数据输出默认在自己的输出域内右对齐，格式修饰符（-）使输出左对齐。输出数值默认负数有符号，格式修饰符（+）使所有数值带符号。
- 在格式字符前置整数来指定输出域的宽度，如%10d、%6hu，常用于设计多行数据对齐输出。如果宽度小于实际数据位数，则仍按实际位数输出；否则默认以空格补足位，当使用了格式修饰符（0）时，则以前导0补足，如果同时使用了左对齐（-），则填充0无效。
- 格式字符必须与对应的输出数据项类型匹配，否则输出的是无效结果，甚至引起程序运行异常。

2.下面程序展示浮点型数据的输出，仔细阅读程序代码并记录运行结果，然后对比分析输出结果，回答后面提出的问题。

```
/*p1.4.5 --输出浮点数    */
#include <stdio.h>
int main(void)
{
   float fx=3.01286,fy=0.000000263792585;
   printf("1:fx=%f   fy=%f\n",fx,fy);
   printf("1:fx=%g   fy=%g\n",fx,fy);
   printf("1:fx=%e   fy=%e\n\n",fx,fy);
   printf("2:fx=%.8f   fy=%.15f\n",fx,fy);
   printf("2:fx=%15.8f   fy=%15.8f\n\n",fx,fy);
   double dx=3.01286,dy=0.000000263792585;
   printf("3:dx=%f   dy=%f\n",dx,dy);
   printf("3:dx=%lf   dy=%lf\n",dx,dy);
   printf("3:dx=%.8f   dy=%.15f\n",dx,dy);
   return 0;
}
```

记录程序的运行结果：

（1）观察输出中标注有1的一组输出，你能说出格式转换说明符%f、%e、%g的输出效果有什么不同吗？把字母f、e、g替换成对应的大写字母，结果有什么变化？

______

（2）观察输出中标注有2的一组语句，其格式符%.8f，%.15f，%15.8f中的小数点和数字分别有什么作用？

______

（3）同一个浮点字面分别赋值给float型和double型变量，使用相同的格式符输出，结果会相同吗？比较标注2的第1行输出和标注3的第3行输出结果，谈谈你的思考。

______

（4）在默认情况下，%f、%g、%e输出的浮点数是如何保留小数位的？反复实验，根据实验结果，说出你的发现？

______

（5）能用%f、%g、%e输出整型数吗？或者能用%d、%u、%x输出浮点数吗？

______

## 眼下留神

C YUYAN CHENGXU SHEJI JICHU YANXIA LIUSHEN

- 在输出浮点数时，%f输出十进制小数形式，%e输出十进制指数形式，%g在十进制小数形式和十进制指数形式两者间自动选择输出宽度最短的形式输出。%f和%e结果保留6位小数，不足补0，多则四舍五入，%g最多保留6位有效数字。
- %F、%E、%G与对应的小写形式%f、%e、%g输出的区别是结果中有字母时是用大写字母还是用小写字母。
- 浮点数以指数形式输出时总转换成只有一位整数的规范指数格式。浮点数在计算机内只能近似表示，同一个浮点数用double表示比用float表示有更高的精度。

3.下面程序展示字符类数据的输出，仔细阅读程序代码并记录运行结果，然后对比分析输出结果，回答后面提出的问题。

```
/*p1.4.6 - -输出字符类数据      */
#include <stdio.h>
#include <wchar.h>
#include <locale.h>
int main(void)
{
    char ch1='a',ch2='A';
    printf("1:ch1=%c  ch2=%c\n",ch1,ch2);
    printf("1:ch1=\'%c\'  ch2=\'%c'\n",ch1,ch2);
    printf("1:ch1=%d  ch2=%d\n",ch1,ch2);
    putchar(ch1);putchar(ch2);putchar('\n');
    ch1=-97,ch2=-65;
    printf("2:ch1=%c  ch2=%c\n",ch1,ch2);
    printf("2:ch1=%d  ch2=%d\n\n",ch1,ch2);
    char *ps1="TIOBE   Index",*ps2="C First";
    printf("3:ps1=>%s  ps2=>%s\n",ps1,ps2);
    printf("3:ps1=>\"%s\"  ps2=>\"%s\"\n",ps1,ps2);
    printf("3:ps1=>\"%.3s\"  ps2=>\"%.3s\"\n",ps1,ps2);
    puts(ps1);puts(ps2);
    printf("\n下面输出宽字符\n");
    wchar_t dch1=L'A',dch2=L'汉';
```

记录程序的运行结果：

```
    wchar_t *pws=L"宽字符可表示中文字符";
    setlocale(LC_ALL,"");
    printf("SZ1=%zd  SZ2=%zd\n",sizeof(dch1),sizeof(dch2));
    printf("4:dch1=%lc   dch2=%lc\n",dch1,dch2);
    wprintf(L"4:dch1=%c   dch2=%c\n",dch1,dch2);
    putwchar(dch1);putwchar(dch2);putwchar(L'\n');
    printf("5:%ls\n",pws);
    wprintf(L"5:%s\n",pws);
    return 0;
}
```

（1）从输出中标注有1的一行可以看出%c输出字符时有没有输出它的定界符？用%d输出字符时输出的是什么？

______________________________

（2）函数putchar()的功能是______________________________，可以用printf()函数来实现，替代语句是______________________。

（3）从输出中标注有2的输出行可以看出，存储负整数的char变量还能正常输出字符吗？而已有符号整数输出有问题吗？根据输出结果，你认为可以用char变量来处理小范围整数吗？与使用int型变量来处理大量小范围整数相比有何优势？

______________________________

（4）参考输出中标注有3的输出行，从语句char *ps1="TIOBE   Index",*ps2="C First";中，你能看出字符串字面量其实质代表的是什么吗？“%.3s”与“%s”的输出有何不同？

______________________________

（5）宽字符类型wchar_t在头文件wchar.h中定义可用于表示中文字符，输出中文字符时，需要用到声明在头文件locale.h的区域设置函数setlocale()设置操作系统使用的语言环境。从输出结果可发现，宽字符采用________字节编码，怎样表示宽字符和宽字符串？

______________________________

（6）printf()函数输出宽字符数据时使用的格式转换说明符是____________，使用专门的宽字符函数wprintf()时要注意什么？

______________________________

## 眼下留神

C YUYAN CHENGXU SHEJI JICHU YANXIA LIUSHEN

- 字符和字符串在输出时都不输出它们的定界符。字符串字面量不能赋值给字符型变量，但可以赋值给字符型指针变量，因为字符串字面量代表了它在内存中存储的地址，也就是其第1个字符所在内存单元的地址。
- 格式转换说明符“%s”从指定的字符地址开始逐次输出字符直至遇到空字符'\0'为止。
- 把字符当成整数输出时，输出的是它的编码；把整数当成字符输出时，如果整数是字符的有效编码，则输出对应字符，否则得到不可预期的乱码。
- 宽字符字面量和宽字符串字面量必须使用前缀L。输出时的格式转换说明符分别为“%lc”和“%ls”。

## 日积月累

C YUYAN CHENGXU SHEJI JICHU RIJIYUELEI

- 输出函数printf()的使用格式为：printf(<格式控制串>,<表达式列表>)，执行后返回一个整数代表输出字符的个数。
- 格式转换说明符的构成规则：

%[格式修饰符][<域宽度[.<精度>]>][<类型长度修饰符>]<格式转换说明符>

①%是格式转换说明符的开始引导字符，不可省略。

②格式修饰符包括+、-、空格、#、0，其作用见下表。

| 格式修饰符 | 功能说明 |
|---|---|
| + | 数值数据前缀符号，默认负数有符号 |
| - | 数据输出左对齐，默认右对齐 |
| 空格 | 正数和0的符号位保留一个空格 |
| # | 用于%o、%x，在输出前缀0、0x，默认无前缀 |
| 0 | 数据位数小于输出域宽时，左边补0，与“-”同用无效 |

③域宽度是一个无符号整数，以字符为单位指定输出域的宽度。精度可选，对整数输出无效；对字符串时则指定输出的最小字符数；对浮点数则指定输出保留的小数位，精度大于实际小数位则以0补足，精度小于实际小数位则四舍五入。

④类型长度修饰符用于指具体的数据类型，见下表。

| 修饰字符 | 适用格式转换说明符 | 数据类型 | 示例 |
|---|---|---|---|
| hh | d、i、o、x、X、u | signed char<br>unsigned char | %hhd<br>%hhu |
| h | d、i、o、x、X、u | short int<br>unsigned short int | %hd<br>%hu |

续表

| 修饰字符 | 适用格式转换说明符 | 数据类型 | 示例 |
| --- | --- | --- | --- |
| ll | d、i、o、x、X、u | long long int<br>unsigned long long int | %lld<br>%llu |
| z | d、i、o、x、X、u | size_t | %zd |
| l | a\|A、e\|E、f\|F、g\|G | double | %lf |
| L | a\|A、e\|E、f\|F、g\|G | long double | %Lf |

●格式转换说明符代表数据类型的字符，见下表。

| 格式字符 | 数据输出格式 | 数据项类型 |
| --- | --- | --- |
| %d，%i | 有符号十进制整数 | char<br>short<br>int<br>long |
| %o | 无符号八进制整数 | |
| %x，%X | 无符号十六进制整数 | |
| %u | 无符号十进制整数 | unsigned |
| %f | 十进制形式的浮点数 | float<br>double |
| %e，%E | 十进制指数形式的浮点数 | |
| %g，%G | 根据数据自动选择%f，%e的格式，以输出宽度最短的形式输出 | |
| %c | 一个字符 | char |
| %s | 一个字符串 | char* |
| %p | 变量的物理地址，输出十六进制形式的数字编号 | <type>* |
| %% | 输出一个% | |

注意：<type>代表类型标识符，如:char、int 、long 、float、double等。

●printf()的工作过程：扫描格式控制串，遇到格式转换说明符时，把对应的数据项按指定的格式输出；若遇到普通字符则原样输出，依次类推，直到扫描完整的格式控制串。

# ▶ 模块评价

## 实战演练

### 1.填空题

（1）C语言把数据输入源和输出目的称为________，它与具体的数据输入输出设备是相互________的。标准的输入输出设备分别是________和________，对应的流为________和________。

（2）取变量地址的运算格式为________，________和________不能取地址。

（3）在格式控制串中没有使用任何普通字符的情况下，用________分隔输入的多个非字符型数据，它们常用的有________、________、________3种。

（4）为字符变量ch输入字符的语句有________、________、________。

（5）格式化输出函数名为________。格式转换说明%d适用于________和________的数据的输出。

（6）在输出函数的格式控制串中的普通字符将________________。

（7）在程序中使用标准的输入输出库函数时，应在程序开始处加上________命令。

### 2.判断题

（1）scanf()函数接收键盘输入的字符，经过格式符转换成对应数据类型的数据后，保存在相应的变量中。（　）

（2）把提示字符放在scanf()的格式控制串中，可提醒用户正确的输入格式。（　）

（3）为每个scanf()输入完成数据后必须按一次回车键。（　）

（4）%c转换输入字符时，不使用分隔字符，所有字符都视为有效字符输入。（　）

（5）每个printf()函数语句执行后都要自动换行。（　）

（6）格式化输入输出函数的格式转换说明符要与地址列表或输出表达式列表一一对应，即个数相同、类型一致。（　）

### 3.选择题

（1）已知有int m;float x;，则下列输入输出语句正确的是（　）。

A.printf("%d,%f",m,x);　　B.printf("%d,%f,m,x");

C.scanf("%d,%f",m,x);　　D.scanf("%d,%f",$m,$x);

（2）有以下程序段，若输入a b c，则输出结果是（　）。

char c1,c2,c3;

scanf("%c %c%c",&c1,&c2,&c3);

printf("%c",c3);

A.a　　B.b　　C.c　　D.空格

（3）下面为字符变量ch输入字符的getchar()函数，使用正确的是（　）。

A.getchar(ch );　　B. getchar("%c",ch);

C.ch=getchar;　　D. ch=getchar();

（4）在显示器上输出反斜线（\）的语句是（　）。

A.putchar("\");　　B. putchar('\');

C.putchar('\\');　　D. putchar("\\");

（5）有变量x,y,ch，其值为x=5,y=7.5,ch='t'，从键盘为变量输入值，输入语句格式为scanf("%d%f%c",&x,&y,&ch);，则正确的输入是（　）。

A.57.5t　　B.5 7.5 t　　C.5 7.5t　　D.5 7.5't'

## 模块能力评价表

班级＿＿＿＿＿＿　姓名＿＿＿＿＿　　年　月　日

| 核心能力 | 评价指标 | 自我评价（掌握程度） | |
|---|---|---|---|
| | | 基础知识 | 基本技能 |
| 给变量输入数据 | ●能正确描述scanf()函数的使用格式<br>●掌握各类型转换说明符的功能和使用<br>●知道scanf()函数的使用限制<br>●会用getchar()函数来输入字符 | ○○○○○<br>○○○○○<br>○○○○○<br>○○○○○ | ○○○○○<br>○○○○○<br>○○○○○<br>○○○○○ |
| 输出程序中的数据 | ●能正确描述printf()函数的使用格式<br>●理解格式转换说明符的使用要求<br>●知道printf()函数使用中的注意事项 | ○○○○○<br>○○○○○<br>○○○○○ | ○○○○○<br>○○○○○<br>○○○○○ |
| 其他 | | | |
| 综合评价： | | | |

# 模块五 / 算法的表示

关于“什么是程序”有一个很经典的公式，即“程序=数据结构+算法”，它是由著名的计算机科学家Niklaus Wirth提出的。算法并非计算机科学领域的专有概念，它泛指解决问题的方法与步骤。而在计算机程序设计中，算法是指一种有限的、确定的、有效的并适合用计算机来实现的解决问题的方法和步骤。算法是程序设计的核心，算法是程序的灵魂。如何表示算法是一个程序设计人员必须面对的问题。学习完本模块后，你将能够：

+ 描述计算机算法及其特性；
+ 描述流程图符的名称和所表示的操作；
+ 能用流程图表示解决问题的算法；
+ 描述结构化程序的基本结构特点并用流程图表示；
+ 描述C语言语句的类别和作用。

NO.1 ［任务一］

# 考查算法与流程图表示

算法（algorithm）是计算机基于一定数据组织（数据结构）解决问题的方法与步骤。面对一个实际问题的求解，最核心的工作就是算法设计，而算法准确、简洁、直观的表示是算法代码实现的重要保障。

求两个非负整数最大公约数（GCD）的欧几里得算法定义为：有两个非负整数p和q，若q是0，则最大公约数为p。否则，将p除以q得到余数r，p和q的最大公约数即为q和r的最大公约数。请比较下方两种算法表示，回答后面提出的问题。

自然语言（natural language）表示法：

（0）算法开始

（1）准备两个非负整数p和q；

（2）如果q不等于0，执行第（3）步，否则，转第（7）步；

（3）p除以q得到余数r；

（4）把q的值给p；

（5）把r的值给q；

（6）转第（2）步；

（7）p是需要的最大公约数

（8）算法结束。

对该算法表示的看法：

流程图（flow chart）表示法：

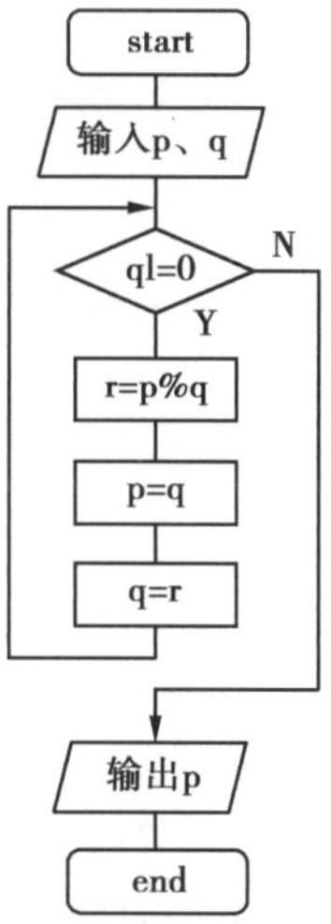

start

输入p、q

ql=0

N

Y

r=p%q

p=q

q=r

输出p

end

对该算法表示的看法：

（1）比较两种算法表示方法的优缺点，你愿意使用哪种方法来表示算法？为什么？

______________________________

（2）请描述流程图中的符号及其作用。

| 流程图符号 | 图形名称 | 符号名称 | 表示的算法操作 |
|---|---|---|---|
| | | | |
| | | | |
| | | | |
| | | | |
| ○ | 小圆圈 | 连接点 | 分别置于两条流程线的端接处，内注相同的数字，表示它们是连接在一起的流程线 |

（3）请描述流程图符号的使用要点。

______________________________

（4）请说出用流程图表示算法的优势。

______________________________

（5）试用自然语言和流程图表示解判断一个非负整数是否为奇数的算法。

______________________________

（6）除了这里见到的算法表示法，算法还有其他表示方法吗？找一找。

______________________________

## 眼下留神

C YUYAN CHENGXU SHEJI JICHU YANXIA LIUSHEN

- 算法描述了解决问题的方法和明确的实施步骤，具有有穷性、确切性、可行性、输入项、输出项5大特性。算法必须在执行有限个步骤之后中止，每一步操作有确切的定义且能在有限时间内完成，有0个或多个输入，有1个或多个输出。没有输出的算法是毫无意义的。
- 在算法分析、设计阶段用程序语句表示算法不可取。因为这会使你把精力放在程序设计语言中语句的语法细节上，而忽视了算法设计，也不能和用户就应用需求进行有效的沟通。
- 表示算法的常用工具有自然语言、流程图、N-S图（盒图）、伪代码（pseudocode）等。流程图因直观、易于理解，得到广泛使用。
- 在编写程序代码之前，用流程图直观、准确地表示出算法，将有利于提高程序代码的质量和编码速度。
- 在规范的流程图中，竖直方向的流程线被称为主流程线，可以不画出向下的箭头。其他的流程线称为分支流程线，分支流程线的末端必须画上箭头。

NO.2

[ 任务二 ]

# 考查程序流程的基本结构

结构化程序设计的思想兴起于二十世纪六七十年代，结构化程序中采用少量简单、清晰的程序结构，大大消除了复杂软件内部的混乱结构。

请利用对流程图的了解，分析下列基本程序结构流程图表示的含义，并回答表中提出的问题，其中的A、B代表某种操作。

| 基本程序结构流程图 | 程序结构名称 | 基本程序结构的执行流程 |
| --- | --- | --- |
| 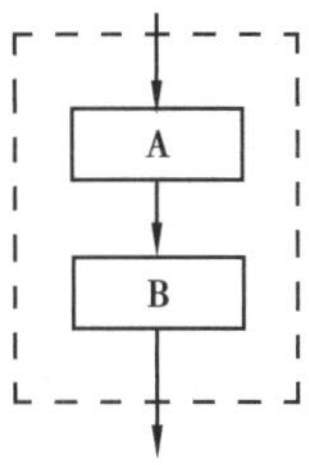 A<br>B | | |
| 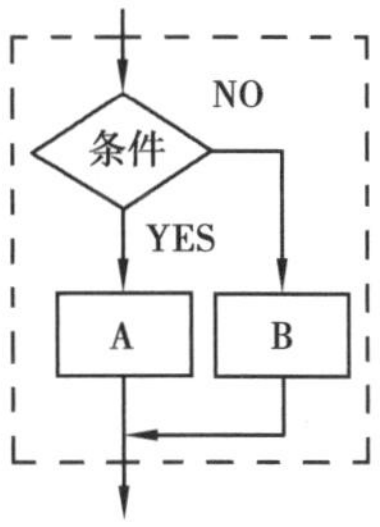 NO<br>条件<br>YES<br>A B | | |
| 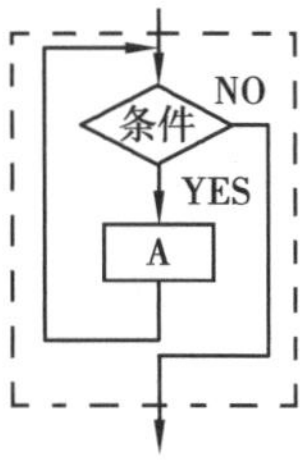 NO<br>条件<br>YES<br>A | | |

（1）请描述基本程序结构的特点。

（2）只用这3种基本程序结构能构造复杂的程序吗？谈谈你的看法。

日积月累 C YUYAN CHENGXU SHEJI JICHU RIJIYUELEI

- 模块化程序设计要求在软件设计开始时把待开发的系统划分成若干相互独立、简单、容易实现的子系统，称为模块。这种化大为小、化复杂为简单的方法被称为“自顶而下、逐步细化”的程序设计分析方法。
- C语言中，函数是实现程序模块化的工具。
- 程序设计的一般步骤为：分析问题→确定算法→编写程序→调试程序。
- 基本程序结构的特点是：只有一个入口；只有一个出口；结构内每个语句都有机会被执行到；结构内没有无限循环。

[ 任务三 ] NO.3

# 考查C语言语句的类别和作用

算法的终极表示就是编写程序。程序语言的语句用于描述数据结构和算法，我们用语句告诉计算机系统怎样进行操作以及操作的步骤，语句是源程序的主要成分。

请阅读并分析如下C语言程序中的语句，回答表中提出的问题。

| 程序 | 标注语句的名称和作用： |
|---|---|
| `/*p1.5.1 - -C语言语句及作用*/`<br>`#include <stdio.h>`<br>`int main(void)`<br>`{`<br>`int m=2,n=10,s=0;`<br>`float x,y,z;`<br>`char ch='x',ch1;`<br>`float getfmax(float x,float y);`<br>`while(m<=n)`<br>`{`<br>`s+=m;`<br>`m=m+2;`<br>`}`<br>`scanf("%f %f",&x,&y);`<br>`z=getfmax(x,y);`<br>`ch1=ch-32;` | |

```
    printf("m=%d,n=%d,s=%d\n",m,n,s);
    printf("x=%.2f,y=%.2f,z=%.2f\n",x,y,z);
    printf("ch=%c,ch1=%c\n",ch,ch1);
    return 0;
}
float getfmax(float a,float b)
{
    float f_max;
    if(a>=b)
        f_max=a;
    else
        f_max=b;
    return f_max;
}
```

（1）请在上面的程序中找出C语言程序中用到的语句，填写下表。

| 语句名称 | 示例语句 | 语句功能及相关说明 |
|---|---|---|
| 说明语句 | | |
| 表达式语句 | | |
| 空语句 | | |
| 函数调用语句 | | |
| 块语句 | | |
| 控制语句 | | |

（2）请根据你对程序语句的认识，评价直接用程序语句表示算法的利弊。

______________________________

（3）把函数 getfmax的函数体中的语句删除，只留下一对空大括号，编译程序会出错吗？一对空大括号（{}）有什么用？

______________________________

（4）在main()函数的 while(m<=n)后面添加一个分号（;），编译程序会出错吗？程序还能正常运行吗？结合程序运行结果，谈谈分号的作用。

______________________________

## 眼下留神

C YUYAN CHENGXU SHEJI JICHU YANXIA LIUSHEN

- 声明语句：分为定义性和引用性两种，用于定义变量或声明函数。
- 表达式语句：在表达式后加上分号就成了表达式语句，它的功能是完成运算。有用的表达式语句能够在执行后改变变量的值。
- 空语句：单独的一个分号（;），执行它计算机不会有任何操作。常用于语句占位，待实现时用具体的语句替换它。
- 函数调用语句：用于实现对函数功能的调用。
- 块语句：用大括号括起来的多条语句，在语法上视作一条语句。
- 控制语句：由流程控制命令和所控制的语句组成，实现程序流程控制。常用的流程控制命令有：if，switch，while，for，break，return，continue等。

# ▶ 模块评价

## 实战演练

### 1.填空题

（1）程序由__________和__________组成，算法是__________________________。

（2）块语句在语法上相当于__________条语句。

（3）有意义的表达式语句要求____________________________________________。

（4）在C语言中，说明语句分为__________和__________两种。

（5）基本程序结构有__________、__________和__________3种。

（6）判断框有__________个出口，分支程序结构有__________个出口。

（7）模块化程序设计的分析方法是______________________________。

### 2.判断题

（1）中文可用于描述算法。（　）

（2）分支结构有两个出口。（　）

（3）空大括号是空语句。（　）

（4）一个算法可以没有输入，但至少要有一个输出。（　）

（5）一个控制命令只能控制一条语句。（　）

**3.按下面要求分别画出算法流程图**

（1）输入3个整数a，b，c，计算3个数据和s与平均数av。

（2）输入1个整数m，然后输出它是否为偶数。

（3）输入10个100以内的非0整数，输出其中的最大值max和最小值min。

（4）求200以内的奇数之和。

## 模块能力评价表

班级＿＿＿＿＿＿＿＿　姓名＿＿＿＿＿　　　　年　月　日

| 核心能力 | 评价指标 | 自我评价（掌握程度） | |
|---|---|---|---|
| | | 基础知识 | 基本技能 |
| 描述C语言语句 | ●知道C语言语句的类型和作用<br>●能书写语法正确的C语言语句 | ○○○○○<br>○○○○○ | ○○○○○<br>○○○○○ |
| 使用流程图符号 | ●会画流程图符号<br>●能描述流程图符号表示的操作<br>●知道流程图符号的使用注意事项，能用流程图表示简单的算法 | ○○○○○<br>○○○○○<br>○○○○○ | ○○○○○<br>○○○○○<br>○○○○○ |
| 描述基本程序结构 | ●知道结构化程序的基本程序结构<br>●理解基本程序结构的执行流程<br>●知道基本程序结构的特点并会用流程来表示 | ○○○○○<br>○○○○○<br>○○○○○ | ○○○○○<br>○○○○○<br>○○○○○ |
| 其他 | | | |
| 综合评价： | | | |

NO.2

# 控制程序执行流程

算法的最终实现必须由某种程序设计语言来完成，通过程序设计语言提供的流程控制来表达解决问题的方法和步骤。C语言是一种支持结构化、模块化的通用程序设计语言，它提供了丰富、灵活的程序流程控制命令，让程序员可以方便地设计出顺序、分支和循环3种基本结构的程序，进而构建满足各种功能需求的软件系统。

## 本部分内容涵盖：

- 实现顺序流程结构控制
- 实现分支流程结构控制
- 实现循环结构流程控制

# 模块一 / 设计顺序结构程序

在实际应用中有一类简单问题，解决它们的步骤是从前往后依次进行的，在执行过程中，没有多条执行路径选择，也不会要求重复执行某一操作，总是按事前计划好的步骤从头到尾依次按序执行到最后一步问题就能得到解决。这类问题对应到程序中就是具有顺序结构特征的程序。本模块将讨论顺序结构程序的执行特点，以及如何设计顺序结构程序。学习完本模块后，你将能够：

+ 描述顺序结构程序的执行特征；
+ 描述顺序结构程序的一般逻辑结构；
+ 描述顺序结构程序设计的一般步骤；
+ 设计顺序结构程序处理实际问题。

NO.1 [ 任务一 ]

# 考查顺序结构程序的执行特点

任何程序的功能都是通过加工处理数据来实现的，对于程序而言数据从程序外输入，再进行处理，然后把处理结果输出给用户。从数据角度来看它依次经历了输入、处理和输出3个阶段。按先后顺序处理是人们处理问题的基本步骤。

1.在购物结算时，需要提供所购商品单价和数量，计价程序计算输出应付金额。阅读下面程序，并上机测试，然后回答表中提出的问题。

```
/* p2.1.1 – – 购物计价      */
#include <stdio.h>
int main(void)
{
   float count,total;
   float price;
   printf("1：输入商品单价：");
   scanf("%f",&price,&count);
   printf("2：输入所购商品数量：");
   scanf("%f",&count);
   total=count*price;
   printf("3：应付金额为：%.2f\n",total);
   return 0;
}
```

记录程序的运行结果：

（1）请设计两组商品单位和所购数量的数据测试程序的计价功能，记录下程序的输出结果。然后描述程序中语句执行的先后顺序。

______________________________

（2）在程序中框出数据输入、处理和输出的语句，并描述这3个操作步骤的顺序。能不能调换它们的顺序呢？谈一谈，你的看法。

______________________________

（3）请描述本程序中语句执行顺序的特征。

______________________________

2.在数据处理中，经常会用到交换两个变量的数据的功能。下面的程序输入两个整数a、b，然后交换 a、b的值，最后输出交换后的变量a、b的值。阅读下面的算法流程图，并按要求回答表中提出的问题。

源程序：

流程图：

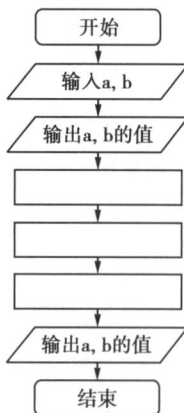

（1）请参考日常生活中交换两个杯子中饮料（一杯果汁，一杯牛奶）的办法，设计交换两个变量值的算法。

______

（2）填写流程图中的空缺，然后根据流程图，写出源程序。并设计数据测试程序，记录程序结果。试一试，改变实现交换变量值语句的顺序再测试，还能正常交换吗?

______

（3）如果不借助中间变量能使变量a、b的值交换吗？如果能，该如何实现?

______

## 日积月累

C YUYAN CHENGXU SHEJI JICHU RIJIYUELEI

- 顺序结构程序的执行特点是按照语句在程序中排列的先后顺序依次执行。程序中的每条语句必须执行且只能执行一次，没有执行不到或重复执行的语句。
- 从整体来看程序一般都包括数据输入（input）、数据处理（processing）和数据输出（output）3个部分，这称为程序结构的IPO模型。
- 交换两个变量值有两种方式，一是借助中间变量的代码是：t=a;a=b;b=t;，二是不使用中间变量的代码是：a=a+b;b=a-b;a=a-b;。
- 字母大小写转换、数字字符与数字的转换、分离整数数位上数字、量的单位换算等问题都适合用顺序结构程序来解决。
- 英文字母大小写转换的方法是：大写字母=小写字母-32；反之，小写字母=大写字母+32。

●数字字符与数字的转换方法是：数字=数字字符-48；反之，数字字符=数字+48。

●分离一个三位整数m的个、十、百位上数字的关键代码是：d0=m%10；d1=m/10%10;d2=x/100；。

NO.2

[ 任务二 ]

# 设计顺序结构程序

1.问题

轮胎胎压对汽车安全行驶至关重要，不同国家或地区使用了不同的压强单位，有巴（bar）、千帕（kpa）、每平方厘米上所承受的千克力（kg/cm$^2$）、每平方英寸上承受的磅力（psi）等，这让不少车主弄不明白自己车辆的安全胎压究竟是什么数值才是正常的。现在需要把以巴为单位的胎压值转换成车主使用的其他3种单位的胎压值。

2.分析

这是一个同类量不同单位之间的转换问题，解决的关键是需要知道这些单位之间存在的数量关系。由于1 bar=100 kpa=14.5 psi=1.02 kg/cm$^2$，所以，把提供的以巴为单位的胎压值，根据前述单位数量关系可转换成指定单位的胎压值。

在程序中输入巴为单位的胎压值存储在变量bar中，转换后的胎压值分别保存到kpa、psi和kg变量中。本问题的算法流程图如下所示。

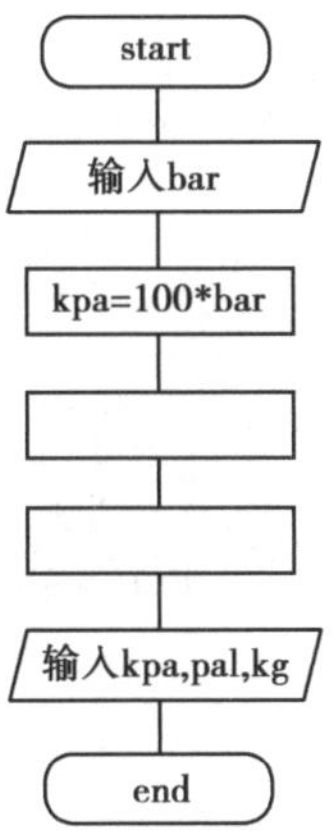

### 3.编码方案

```
/* p2.1.2 - -设计顺序结构程序      */
#include <stdio.h>
int main(void)
{
   float bar,kpa,psi,kg;
   printf("输入以巴为单位的胎压值：");
   scanf("%f",&bar);
   kpa=100*bar;
   psi=14.5*bar;
   kg=1.02*bar;
   printf("%4.2fbar= %8.2fkpa\n",bar,kpa);
   printf("%4.2fbar= %8.2fpsi\n",bar,psi);
   printf("%4.2fbar= %8.2fkg\n",bar,kg);
   return 0;
}
```

记录程序的运行结果：

（1）运行程序，输入以bar为单位的胎压值，记录程序输出结果，然后分析程序的执行过程。

______________________________

（2）在程序代码中框出数据输入、处理和输出部分的代码。

______________________________

（3）设计一个程序输入kg/cm$^2$为单位的胎压值，然后输出bar为单位的胎压值。

______________________________

**眼下留神** C YUYAN CHENGXU SHEJI JICHU YANXIA LIUSHEN

- 编程解决问题时，首先要明确问题目标，必要时转换问题表述为适合编程的表达方式，接着围绕目标分析求解问题所需要的数据组成结构，设计问题求解的算法并评估算法的可行性，最后确认可行后才开始着手程序编码实现。
- 顺序结构程序中的语句顺序不能随意调换它们的先后顺序，这是解决问题的内在逻辑确定的。

# ▶ 模块评价

## 实战演练

### 1.填空题

（1）顺序结构程序的语句按______________顺序执行。

（2）从数据处理角度可把程序分成_________、_________、_________3个部分。

（3）把数字字符dc转换成数字dig的语句是__________________________。

（4）获取整数p个位上数字的表达式是_____________________。

（5）把大写字母LALPH转换成小写字母lalph的语句是___________________。

### 2.判断题

（1）顺序结构程序中的语句调换它们的顺序后不影响程序的功能。（ ）

（2）求解问题时，直接编写程序代码效率更高。（ ）

（3）顺序结构程序执行时不需要专门的命令来控制它的执行流程。（ ）

### 3.编写程序

（1）当你自驾旅行时，需要根据行驶的里程估算路途所需油费。请输入车辆的百公里油耗，旅途所需的里程及当时油价，计算输出所需油费。

（2）输入一个4位数的整数，然后求该数的4个数字之积。

（3）体脂指数BMI（body mass index）是衡量人体肥胖程度的指数。其计算公式为：BMI = 体重（kg）/ 身高（m）的平方。请输入一个人的体重与身高，计算输出其BMI指数。

（4）输入1个字符ch，然后输出与它前后相邻的2个字符。

（5）根据输入一元二次方程$ax^2+bx+c=0$（$a\neq0$）中的各项系数$a$、$b$、$c$，计算判别式$d=b^2-4ac$的值。

## 模块能力评价表

班级__________________ 姓名__________ 年 月 日

| 核心能力 | 评价指标 | 自我评价（掌握程度） | |
|---|---|---|---|
| | | 基础知识 | 基本技能 |
| 认识顺序结构程序执行特征 | ●能描述顺序结构程序及执行特点<br>●能说出IPO程序结构模型的内容<br>●会借助流程图表达顺序流程 | ○○○○○<br>○○○○○<br>○○○○○ | ○○○○○<br>○○○○○<br>○○○○○ |
| 设计顺序结构程序 | ●能说出编程求解问题的一般步骤<br>●能编写交换变量值的代码<br>●能编写字母大小写互换的代码<br>●能编写数字字符与数字的转换代码<br>●能编写常见计量单位换算代码 | ○○○○○<br>○○○○○<br>○○○○○<br>○○○○○<br>○○○○○ | ○○○○○<br>○○○○○<br>○○○○○<br>○○○○○<br>○○○○○ |
| 其他 | | | |
| 综合评价： | | | |

# 模块二 / 设计分支结构程序

应用领域中有很多问题的解决需要根据不同的条件采取不同的方法，因此，程序流程就不能是简单的顺序流程，需要根据条件选择相应的执行路径。分支流程结构可以使程序根据不同的条件选择不同的处理方法，从而增强了程序的灵活性和实用性。本模块将讨论分支结构程序的执行特点和设计方法。学习完本模块后，你将能够：

+ 描述分支结构程序的执行特征；
+ 使用if语句解决二分流程控制问题；
+ 嵌套使用if语句解决多分流程控制问题；
+ 使用switch语句实现多分流程控制。

[ 任务一 ]

NO.1

# 实现二分流程控制

在实际问题中，有不少问题需要根据某一条件是否出现而采取不同的处理方法，在这样的问题解决中，程序的执行流程就有两条执行路径。C语言使用if语句来实现二选一的控制操作。

1.在股票、基金等金融产品买卖业务往来中，日交易流水的总金额（卖出和买入金额之和）能反映某金融产品的活跃度。一般卖出收入金额记正数，买入支出金额记负数，下面的程序输入当日卖出和买入总额，计算流水总金额。阅读下面的程序并上机测试，然后回答其后设置的问题。

```
/* p2.2.1 － －计算交易流水总额        */
#include <stdio.h>
int main(void)
{
   double samt,bamt;
   double xtotal=0.0;
   printf("输入卖出和买入总额：");
   scanf("%lf %lf",&samt,&bamt);
   if(bamt<0)
      bamt=-bamt;
   xtotal=samt+bamt;
   printf("流水总额：%.4f\n",xtotal);
   return 0;
}
```

记录程序的运行结果：

（1）执行程序输入两组卖出和买入总额（如567.23　32.942，421.36　-39.87），观察程序的输出结果并手工验证，然后分析程序的执行过程。

______________________________

（2）对于买入金额的不同输入形式，程序都是采用相同的处理办法吗？找出程序中实现流程分支的语句，并分析它的执行过程，用流程图表示它的执行过程。

______________________________

（3）当分别输入567.23　32.942和421.36　-39.87时，程序的执行流程是什么？请分别列出语句的执行顺序。

______________________________________________

（4）程序中出现的新语句称为if语句，它是怎样构成的？

______________________________________________

## 日积月累

C YUYAN CHENGXU SHEJI JICHU RIJIYUELEI

- 分支结构程序是指包含有两条或两条以上执行路径的程序。每条执行路径称为一个流程分支，在执行分支结构程序时，流程控制根据分支条件选择执行其中一条执行路径上的语句。
- if语句是由控制命令if（意思是“如果”）和紧跟其后的一条语句构成。if语句的一般构成格式为：

  if(<表达式>)

  　<语句>

  表达式：是选择分支的条件，可以是任意C语言表达式，必须置于小括号中；

  语句：if选择条件为真时，要执行的操作。

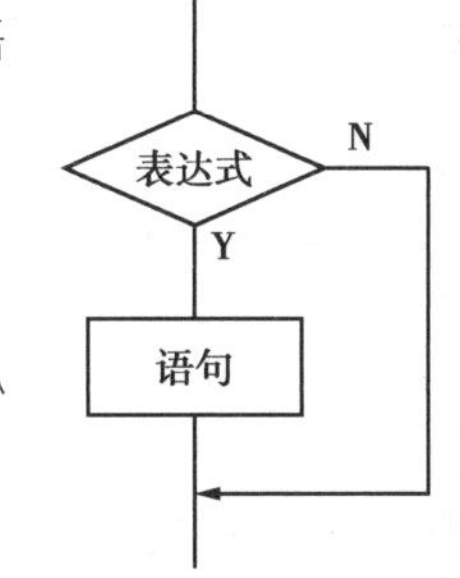


- if语句的执行过程：先计算“表达式”的值，并判断其真假，如果为“真”，则执行其控制的“语句”；如果为“假”，则执行if语句的后续语句。

2.在会场、影剧院、学术报告厅等地方，座位按奇偶号左右分区布置。下面程序模拟门厅指路机器人，根据座位号为客户指示是走左通道还是右通道。阅读程序实现代码并测试，然后按要求操作并回答其后的问题。

```
/* p2.2.2 - -指路服务程序    */
#include <stdio.h>
int main(void)
{
   int seatno=0;
   char *prompt;
   scanf("%d",&seatno);
   if(seatno%2==0)
      prompt="Right please!";
   if(seatno%2!=0)
```

记录程序的运行结果：

```
        prompt="Left please!";
    puts(prompt);
    return 0;
}
```

（1）请分别输入奇数或偶数座位号测试程序的工作，并用流程图表示程序的执行流程。

______________________________________________

（2）程序中用了两条if语句，请描述它们各自的作用。

______________________________________________

（3）程序中两条if语句紧邻，你发现它们选择执行路径的条件有何联系？试一试，把if(seatno%2!=0)这行换成else（单词意思是“否则”），重新执行程序，结果怎么样？这能说明什么问题？

______________________________________________

（4）在本程序中，你能分辨出它的IPO三个部分吗？在源代码中框出来。

______________________________________________

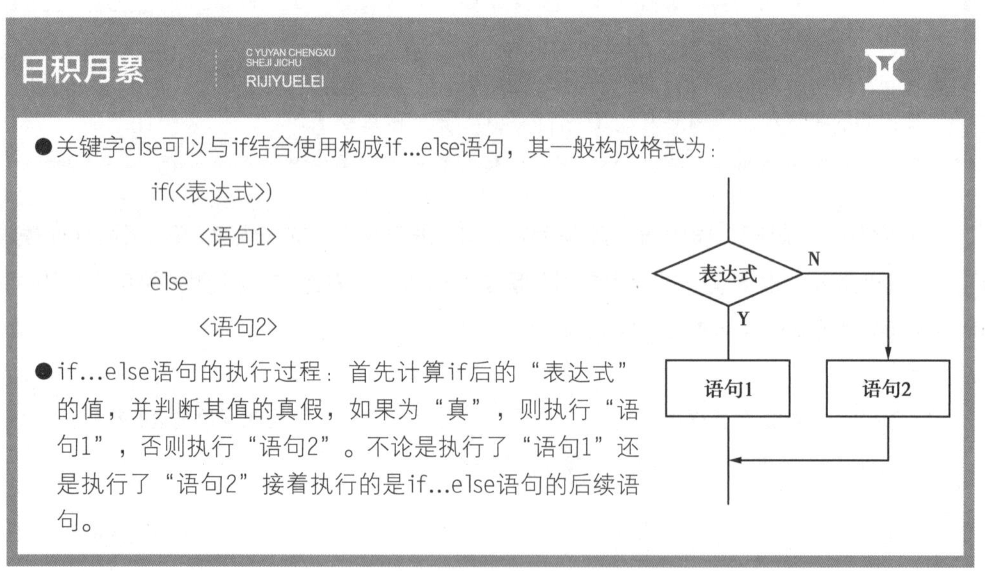

## 日积月累

C YUYAN CHENGXU SHEJI JICHU RIJIYUELEI

● 关键字else可以与if结合使用构成if...else语句，其一般构成格式为：

```
if(<表达式>)
    <语句1>
else
    <语句2>
```

● if...else语句的执行过程：首先计算if后的“表达式”的值，并判断其值的真假，如果为“真”，则执行“语句1”，否则执行“语句2”。不论是执行了“语句1”还是执行了“语句2”接着执行的是if...else语句的后续语句。



3.分析下面的if...else语句在语法上是否存在错误？如果有错，则说明原因并修改。

| 程序 | 判断 |
| --- | --- |
| if(x<y)<br>  printf("x=%d",y)<br>else<br>{<br>  x=x+1;<br>  printf("y=%d",y);<br>} | 符合语法规则吗？○是　○否<br>原因： |
| if(x>y)<br>    x=x+1;<br>    printf("x=%d",x);<br>else<br>    printf ( "y=%d", y ) ; | 符合语法规则吗？○是　○否<br>原因： |
| if(x>y)<br>{<br>  x=x+1;<br>  printf("x=%d", x);<br>}<br>else<br>  printf("y=%d", y); | 符合语法规则吗？○是　○否<br>原因： |

## 眼下留神

C YUYAN CHENGXU SHEJI JICHU YANXIA LIUSHEN

- if命令后的“表达式”可以是任何合法的C语言表达式，但通常使用的是关系表达式和逻辑表达式。
- if命令控制的语句必须是语法上的一条语句，因此，它可以是一条单语句，也可以是一个块语句。
- else不可单独使用，必须与if配对使用。if和else都只能控制其后的语法意义上的一条语句。else后不能直接带条件。
- 如果if和else之间有多条语句时，这几条语句也必须用大括号括起来，成为块语句。当if和else之间只有一条语句时，切记：不要漏掉语句的结束标记（；）。
- if语句和if...else语句不论占多少程序行，它们在语法上都被当成一条语句对待。
- 在问题表述中有“如果……否则……”字样时，可以用两if命令判断条件成立和不成立两种情况，但通常选用if...else语句来实现，会简洁高效。

[ 任务二 ]

NO.2

# 实施多分流程控制

对复杂问题处理，往往要根据多个不同条件的出现采取相应的处理方法，如涉及年度个人所得税缴纳数额、实行阶梯电价的电费、景区票价等计算问题以及像汽车自动雨刷速度调节都需要根据不同的情况进行区别处理，这类问题要求程序必须实现多个执行路径。

1.现在银行推出的投资理财产品都精确到以天计算收益，要准确计算投资时长，必须要考虑闰年问题。下面程序将判断一个年份是不是闰年，判断闰年的规则是“闰年的年份能被4整除，但不能被100整除或者能被400整除”，阅读并测试下面程序，然后回答表中提出的问题。

| 程序 | 记录程序的运行结果： |
|---|---|
| <pre>/* p2.2.3 – – 判断是否为闰年 */<br>#include <stdio.h><br>int main(void)<br>{<br>   int year=0;<br>   char *leap=NULL;<br>   scanf("%d",&year);<br>   if(year%4==0)<br>      if(year%100!=0)<br>         leap="闰年";<br>      else<br>         leap="平年";<br>   else<br>      if(year%400==0)<br>         leap="闰年";<br>      else<br>         leap="平年";<br>   printf("%d年是%s\n",year,leap);<br>   return 0;<br>}</pre> | |

（1）分析程序的执行过程，输入年份（如1900、2020、2022、2024等）测试程序的工作，然后用流程图表示出判断年份是否是闰年的执行流程。

（2）从语法角度看程序中有几条if语句，它是怎样构成的？这实现了几个分支选择？

（3）用图示（⊏ 表示if语句，⋿ 表示if...else语句）列举if语句可能的套用情况。

（4）if语句中有几个else关键字，请说出与它配对的if关键字。如果把if语句的各程序行全部向左对齐，你还能找到与else配对的if吗？你是用什么办法做到的？

（5）在判断年份能被4整除，但不能被100整除时，程序中分别用了两个if命令，前一个if判断能被4整除，紧接着判断不能被100整除，然后认定该年是闰年，这两个重叠使用的if命令可以合二为一吗？试一试，其他代码可能需要作相应的修改，测试程序能否正常工作。然后把if(year%400==0)提到上行else的后面，再测试程序。把修改后的if语句按规范的缩排格式写出来。

（6）试编程实现符号函数$y=\begin{cases}-1 & x<0\\ 0 & x<0\\ 1 & x>0\end{cases}$的值，输入一个$x$值，输出$y$值。

（7）在使用语音服务时，系统提示你按某个数字键进行下一级服务流程。例如某移动通信语音服务系统，按1、2、3、4分别进入话费查询、家庭宽带、故障申报、投诉建议。编写程序当用户按键时，输出选择的服务项目，按其他键给出操作出错提示。写出来的程序代码有何特点？

**眼下留神** C YUYAN CHENGXU SHEJI JICHU YANXIA LIUSHEN

- 嵌套使用if语句能实现多分流程控制，if嵌套不是什么新的控制命令，它是指在if或else命令控制的语句中包含了if语句的情况。
- C语言语法规定else总是与它上面的、最近的、未配对的if配对，使用大括号可以改变else与if的默认配对关系。
- 如果if嵌套总是在else后嵌套if，这种特别情形被称为if...else if语句。在编写代码时把else和if写在一行上并以空格分隔，所有else与第1个if对齐。当分支较多时写出的if语句像长长的链条，在表达分支上不够明显。
- 2个if嵌套实现3个分支，3个if嵌套实现4个分支，n个if嵌套可以实现n+1个分支。注意过多的分支数会降低程序的可读性，增加调试的困难。

2.空调有制冷、除湿、送风、制热几种工作模式，电风扇有6个风速挡位，诸如此类问题，它们的控制程序只需要检测用户是否按下相应的按键，就可以控制它们对应的工作模式。从程序实现角度来看，这就是判断控制量是否等于某一按键值的问题。这个问题完全可用if命令解决，但C语言还有更好的选择。阅读下面模拟实现语音服务系统中按键选择服务的程序，并回答其后提出的思考问题。

```
/* p2.2.4 - -判断是否为闰年        */
#include <stdio.h>
int main(void)
{
   int choice=0;
   char *srvname=NULL;
   printf("请输入1—4的数字选择服务类型：");
   scanf("%d",&choice);
   switch(choice)
   {
      case 1:
           srvname="话费查询";
           break;
      case 2:
           srvname="家庭宽带";
           break;
      case 3:
           srvname="故障申报";
           break;
      case 4:
           srvname="投诉建议";
           break;
      default:
           srvname="选择有误";
   }
   printf("你选择的是：%s\n",srvname);
   return 0;
}
```

记录程序的运行结果：

（1）执行程序，按提示输入数字测试程序的功能。本程序共实现了几个分支。选择每个分支的条件是什么？请用流程图表示它实现的流程分支。

______________________________

（2）程序中实现分支的语句使用了哪些关键字？能结合程序执行结果说出它们的作用吗？根据程序中的实际代码，写出该语句的一般使用格式。

______________________________

（3）从程序代码中可以看到每个case（意为“情况，事实”）关键字标记的语句组最后一条语句为break（意为“中断，中止”），break在此起什么作用呢？试一试，把case 2标记的语句组最后的break语句删掉，分别输入数字1—4测试程序，你发现了什么？

______________________________

（4）关键字switch（意为“开关、交换”）其后括号中的表达式可以支持哪些类型呢？试着把变量choice的类型改为float、double、char进行测试。

______________________________

（5）写出case标记语句组时的一般格式。它是怎样与switch配置实现不同执行路径选择的？在switch控制的语句块中是否可以有相同的case标记？是否可以有不同的case标记对应相同的语句组？请设计问题中提到的标记情况并验证。

______________________________

（6）关键字default（意为“默认”）和case标记有何联系？default标记的语句组后没有break语句，是不是执行default标记的语句组就会自动中止switch语句的执行？试一试，把default连同标记的语句组移到其他位置，观察程序的运行结果发生的变化。

______________________________

（7）在switch语句中，default标记必须使用吗？

______________________________

（8）请用if命令来实现本程序相同的功能，写出程序代码并与switch实现的代码进行比较，描述它们的异同。

______________________________

## 日积月累

C YUYAN CHENGXU SHEJI JICHU
RIJIYUELEI

●switch命令配合case（包括default）可实现多分支流程控制。switch与其控制的块语句构成switch语句，其构成语法格式为：

```
switch(<表达式>)
{
    case <字面量表达式1>:
```

```
        [<语句块1>]
    case <字面量表达式2>:
        [<语句块2>]
    ...
case <字面量表达式n>:
    [<语句块n>]
default:
        [<语句块n+1>]
}
```

switch后“表达式”的作用是控制选择哪个分支流程，可称为“switch表达式”，它必须是整型表达式（包括字符表达式）。

case引出的“字面量表达式”代表一种分支情况，称为case标号，也必须是整型值，case标号是switch表达式的可能取值范围。

default代表了所有case标号之外的switch表达式的取值情况。

- switch语句的工作过程:

①计算switch表达式的值。

②在switch语句块中从上至下查找与switch表达式的值匹配（相等比较）的case标号，根据是否匹配到case标号，选择执行匹配标号的语句组或结束。

如果找到匹配的case标号，则从该标号后的语句开始执行，直至遇到break语句或者switch语句块结束标记左大括号（}），此过程可能会执行匹配标号后面那些未匹配标号的语句组，这与标号语句组是否有break语句有关；若没有匹配的标号，且语句块中有default标号，则执行其后的语句，否则结束switch语句。

- break语句的作用是中止switch语句，然后执行switch语句的后续语句。

## 眼下留神

C YUYAN CHENGXU SHEJI JICHU
YANXIA LIUSHEN

- case标号通常是一个字面量，也可以是表达式，但表达式操作的必须是字面量。case标号与标记的语句组之间用冒号（:）分隔。标号标记的语句组可以不用大括号（{}）围起来。
- default标号与case标号地位相同，执行default标号的语句后是否中止switch语句，则要看其语句组有没有break语句，或是否为switch语句的最后一个标号。default标号可放在switch语句中，标号可以出现的任何位置，一般放在所有case标号后。
- switch语句中的case标号不能相同。多个相邻case标号可以共享最后一个标号标记的语句组，方法是除最后一个标号外，前面的仅提供标号标记。
- switch实现多分支流程控制有一定限制，即它只能做switch表达式与case标号之间的相等比较，不能适合表达式在一个范围连续取值的情况，且switch表达式和case标号都必须是整数类型。
- switch实现的多分支流程控制一定可以用if来实现，而用if可以实现的多分支流程控制就不一定适合用switch实现。

NO.3

[ 任务三 ]

# 设计分支结构程序

1.问题

依法缴纳个人所得税是公民的义务。对于居民个人的综合所得（包括工资、薪金、劳务报酬、稿酬、特许权使用费，经营，利息、股息、红利，财产租赁、财产转让和偶然所得），适其中前四项适用3%至45%的超额累进税率。如下表所示，这四项所得按纳税年度合并计算个人所得税。全年应纳税所得额是你的这四项一年总收入减各种专项附加扣除之后的总额，现要求编写一个税计算器，提供全年应纳税所得额计算出应缴纳税额。

| 档级 | 全年应纳税所得额 | 税率（%） | 速算法扣除数 |
|---|---|---|---|
| 1 | 不超过36000元的 | 3 | 0 |
| 2 | 超过36000元至144000元的 | 10 | 2520 |
| 3 | 超过144000元至300000元的 | 20 | 16920 |
| 4 | 超过300000元至420000元的 | 25 | 31920 |
| 5 | 超过420000元至660000元的 | 30 | 52920 |
| 6 | 超过660000元至960000元的 | 35 | 85920 |
| 7 | 超过960000元的 | 45 | 181920 |

2.分析

从个税率表可以发现计算应缴纳税额是一个分段计算问题。在计算时，需要判断全年应纳税所得额所知的纳税级数，对应查到该级纳税的相关税率，然后分级计算纳税数，最后汇总得到应纳税额。如你的全年应纳税所得额是260000元，计算时有两种方法。

方法1：把26000分解：

一挡36000，应纳税3600*3%；

二挡144000-36000=108000，应纳税108000*10%；

三挡260000-144000=116000，应纳税116000*20%；

把分属三个挡级的应纳税相加就是全年总纳税额。

方法2：先判定全年应纳税所得额所属挡，全年总纳税额为全年应纳税所得额乘以该挡税率，再减去该挡速算法扣除数。速算法扣除数其实就是该挡下面各挡满额应纳税总和。

显然方法2更简单，把全年应纳税所得额存储入变量tincome，trate存储所属挡的税率，takeout存储该挡速算法扣除数。全年总纳税额ttax=tincome*trate-takeout。程序的主要工作是从税率表中查询全年应纳税所得额所属挡的税率和速算法扣除数。请用流程图表示查询全年应纳税所得额所属挡的税率和速算法扣除数的算法。

3.编码方案

```
/* p2.2.4 - -个税计算器      */
#include <stdio.h>
int main(void)
{
   float tincome=0.0,ttax=0.0;
   float trate=0.0,takeout=0.0;
   printf("请输入全年应纳税所得额：");
   scanf("%f",&tincome);
   if(tincome >960000)
      trate=0.45,takeout=181920.0;
   else if(tincome >660000)
      trate=0.35,takeout=85920.0;
   else if(tincome >420000)
      trate=0.30,takeout=52920.0;
   else if(tincome >300000)
      trate=0.25,takeout=31920.0;
   else if(tincome >1440000)
      trate=0.20,takeout=16920.0;
   else if(tincome >36000)
      trate=0.10,takeout=2520.0;
   else
      trate=0.03,takeout=0.0;
   ttax=tincome*trate-takeout;
   printf("你的总纳税额是：%.2f\n",ttax);
   return 0;
}
```

记录程序的运行结果：

（1）运行程序输入全年应纳税所得额测试程序是否可以正常工作。让输入的全年应纳税所得额在每个挡上都有，并分析每次if语句的执行过程。

______

（2）在程序代码中框出数据输入、处理和输出部分的代码。

______

（3）试一试，这个问题适合用swicth命令来解决吗？为什么？

______

# ▶ 模块评价

## 实战演练

### 1.填空题

（1）if语句中________表达式可作为流程分支的条件。

（2）if语句有________个流程分支，if...else语句有________个流程分支。

（3）if或else控制的语句是if语句，称之为________________。

（4）else必须与if配对使用，其配对规则是______________。使用________可以改变默认的配对关系。

（5）switch表达式必须是________类型的表达式，case标号是________表达式。

（6）switch语句中case标号表示________，default标号表示______________。

（7）三个if语句嵌套可以实现________个流程分支。

### 2.判断题

（1）if表达式可以为任意C语言合法表达式。（　）

（2）if与else之间的多条语句不用｛｝括起来。（　）

（3）switch表达式必须是整型表达式（包括字符表达式）。（　）

（4）case标号不可以用变量表示。（　）

（5）switch语句的case标号可以相同。（　）

（6）default标记的语句执行后就结束switch语句。（　）

### 3.阅读程序

（1）

```
#include <stdio.h>
int main(viod)
{ int x=-2,y=-1,z=2;
  if(x<y)
  { if(y<0)
      z=0;
  }
```

```
        else
            z+=1;
    printf("z=%d",z);
    return 0;
}
```

(2)

```
#include "stdio.h"
int main(void)
{  int  s=36;
   switch(s/10)
   {
      case 1:case 3:case 5: m=1;
      case 6: m=3;
      case 7: m=5;break;
      case 8: m=6;break;
      case 9: m=7;break;
      default: m=0;
   }
   printf("m=%d",m);
   return 0;
}
```

**4.编写程序**

(1)为了促进资源的合理利用，很多地区实行了阶梯式电价。某城市规定，当用电量小于等于100度时，电费单价为0.5元/度；用电量大于100度且小于等于200度时，电费单价为0.6元/度；用电量超过200度时，电费单价为0.7元/度。编写程序实现，输入当前用电量，输出对应电费账单金额。

(2)100分制学科考试中，60分以下不合格，60分以上70分以下为合格，70分以上85分以下为良好，85分以上为优秀。编写程序实现，输入学科考试分数，输出对应的等级。

(3)同构数或称自守数，是指一个自然数的平方的尾数等于该数本身，如：$5^2=25$，5是同构数；$25^2=625$，25是同构数。编写程序实现，输入一个100以内整数，判断其是否为同构数。

（4）设计简易计算器，编写程序实现，输入两个数和运算符（+，–，*，/）输出两个数的运算结果。

（5）编写程序实现，输入字母表示的等级（A、B、C、D），输出对应的等级名称（优、良、中、差）。

（6）一个三位自然数等于它各位数字立方和，这个数称为水仙花数，如153=13+53+33。编写程序实现，输入一个三位整数，判断它是否是水仙花数。

## 模块能力评价表

班级__________________ 姓名__________ 年 月 日

| 核心能力 | 评价指标 | 自我评价（掌握程度） | |
|---|---|---|---|
| | | 基础知识 | 基本技能 |
| if实现分支流程 | ●能描述if语句的构成 | ○○○○○ | ○○○○○ |
| | ●能描述if语句的执行过程 | ○○○○○ | ○○○○○ |
| | ●能描述if嵌套实现多分支的结构 | ○○○○○ | ○○○○○ |
| | ●能说出else与if的配套规则 | ○○○○○ | ○○○○○ |
| switch实现分支流程 | ●能描述switch语句的构成 | ○○○○○ | ○○○○○ |
| | ●能描述switch语句的执行过程 | ○○○○○ | ○○○○○ |
| | ●能说出switch表达式的限制 | ○○○○○ | ○○○○○ |
| | ●能说出case标号的使用要求 | ○○○○○ | ○○○○○ |
| | ●能恰当使用default标号 | ○○○○○ | ○○○○○ |
| | ●能按需要使用break语句 | ○○○○○ | ○○○○○ |
| 设计分支结构程序 | ●能描述if实现多分支的应用场景 | ○○○○○ | ○○○○○ |
| | ●能描述switch实现多分支的应用场景 | ○○○○○ | ○○○○○ |
| | ●能合理选择if还是switch解决问题 | ○○○○○ | ○○○○○ |
| | ●能编写求解分段统计类程序 | ○○○○○ | ○○○○○ |
| 其他 | | | |
| 综合评价： | | | |

# 模块三 / 设计循环结构程序

在实际应用中经常会遇到需要重复执行一个操作的情况，如在汽车总装生产线上，工业机器手臂为汽车安装轮胎，它重复做抓取轮胎、套入轮轴、取螺母和拧紧螺母等动作。它的控制程序需要实现重复性操作的流程控制。而在数据分析问题中也有大量重复性操作，如计算一组数的总和，找一组数中的最大或最小数等。可充分利用计算机运行速度快的特点来高效完成大量重复性的运算任务。循环结构在循环条件的控制下能有限地重复执行，C语言提供了多个循环控制命令以满足设计循环结构程序的需要。本模块将讨论循环结构程序的执行特点和设计方法。学习完本模块后，你将能够：

+ 描述循环程序的执行特征；
+ 使用while命令构建循环结构；
+ 使用do...while命令构建循环结构；
+ 使用for命令构建循环结构；
+ 使用break和continue辅助控制循环流程；
+ 使用循环嵌套构建多重循环结构。

NO.1

[ 任务一 ]

# 执行循环重复的任务

生产、生活中的重复操作，在程序设计中称为循环。C语言为实现循环流程控制提供了3个命令，它们是for、while和do...while。在编程解决问题时，可根据实际情况灵活选用。

1.在输出时需要用函数putchar()输出一条由15个星号（*）组成的装饰线。下面在一个程序中提供了两种实现方案，请阅读并测试程序，然后回答其后设置的问题。

```
/* p2.3.1 ——打印字符线条      */
#include <stdio.h>
int main(void)
{  printf("\n方案1:\n");
   putchar('*'); putchar('*'); putchar('*');
   putchar('*'); putchar('*'); putchar('*');
   putchar('*'); putchar('*'); putchar('*');
   putchar('*'); putchar('*'); putchar('*');
   putchar('*'); putchar('*'); putchar('*');
   printf("\n方案2:\n");
   for(int i=0;i<15;i++)
      putchar('*');
   return 0;
}
```

记录程序的运行结果：

（1）你认为使用putchar()函数输出字符线是一种重复操作吗？为什么？

______

（2）执行程序，根据运行结果来看两种方案都解决问题了吗？请比较两种方案，如果要输出99个星号，两种方案的代码应做什么修改？你认为哪种方案更值得采用？为什么？

______

（3）方案2中使用了for命令来控制putchar('*');语句的重复执行。请描述for语句的组成结构并参照代码写出for语句的一般格式，然后分析它的执行过程并用流程图表示。

______

（4）试着修改for命令后面小括号中的3个表达式，每次修改一个，然后观察程序输出结果，发现它们对重复次数产生的影响。

______________________________

（5）在for语句中是哪些要素决定了它重复的次数。并指出它们在for语句中出现的位置以及每个要素在设计时的注意事项。

______________________________

## 日积月累

C YUYAN CHENGXU SHEJI JICHU RIJIYUELEI

- 重复操作在程序中被称为循环，每重复一次就称为循环一次。for语句是由for命令和被它控制的语句组成，其一般组成格式为：

```
for([<表达式1>];[<表达式2>];[<表达式3>])
    <语句>
```

表达式1：设置循环的起始条件，如int i=0。

表达式2：称为循环条件，其值按逻辑对待，用于判断是否执行它控制的语句，如i<15。

表达式3：在每次循环后修改表达式2中某个变量的值，这个变量值的变化将决定循环条件的真假，称之为循环控制变量，如i++。

语句：当循环条件为真时重复执行的操作，称为循环体语句，简称循环体。

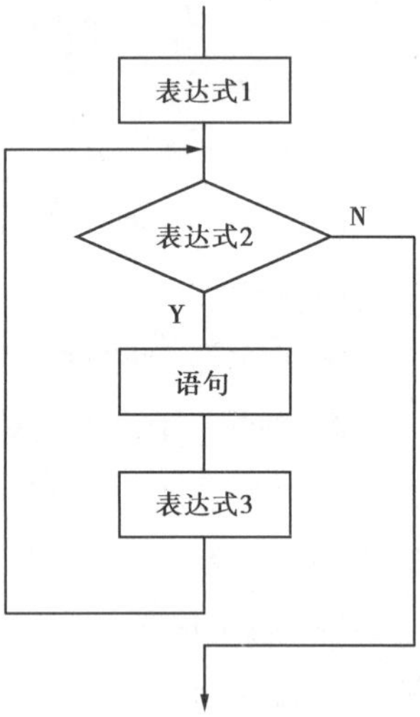

- for语句的执行过程：

①执行“表达式1”，作用是为定义及初化循环控制变量。

②判断“表达式2”的真假，如果为“真”，则执行“语句”，然后执行“表达式3”完成循环控制变量的修改；再次判断“表达式2”的真假，如果为“假”，则结束for语句，执行for语句的后续语句，如上图所示。

## 眼下留神

C YUYAN CHENGXU SHEJI JICHU YANXIA LIUSHEN

- 循环条件、循环体、循环控制变量称为循环三要素。
- 正确构造循环结构需要对循环控制变量执行3个方面的操作：一是给循环控制变量赋初值；二是用循环控制变量构造正确的循环条件；三是更新循环控制变量，保证在经历有限次循环后使循环条件为假。
- 一般在for命令的“表达式1”中声明循环控制变量，可以声明同一类型的多个变量，如int i=0,j=10，不可以声明不同类型的多个变量。“表达式1”中声明的变量只能在for语句中使用。如果在for语句结束后要使用循环控制变量的值，请在for语句前定义循环控制变量。

- C语言支持任意省略for命令中的3个表达式，但其中的分号（;）不能省略。省略“表达式1”，则需把它提到for语句前；省略“表达式3”则需把它置于循环体恰当位置；省略“表达式2”表示无条件执行循环体。
- for命令构建循环语句的优势是把有关循环控制变量3个操作的表达式集中在一起便于管理，省略这些表达式没有太大实用价值。其中for(;;)倒是常用的省略形式，用于构造无限循环。
- for命令特别适合构建事先已知重复次数的问题，它有明确的起止条件。

2.下面的程序将实现输入一行字符，统计输入了多少个字符（不计行尾的换行符）。解决的方法是逐个读入字符，然后计数，当读入换行符（\n）结束。阅读并测试程序，然后回答其后的问题。

```
/* p2.3.2 - -统计指定字符数      */
#include <stdio.h>
int main(void)
{  int dcn=0;
   char ch;
   while((ch=getchar())!='\n')
      dcn=dcn+1;
   printf("输入的字符有%d个\n",dcn);
     return 0;
}
```

记录程序的运行结果：

（1）运行程序，输入一行字符来验证程序的功能，可多测试几次。在本任务中，事先知不知道会有多少次重复？可否考虑用for命令实现？试一试。

______

（2）while（意为“当……的时候”）命令可以构造循环结构，分析程序中while命令构成的语句，写出while语句的一般格式，然后用流程图表示它的执行流程。

______

（3）你能指出while语句中的循环三要素吗？在代码中标出来。然后分析while命令后小括号中表达式(ch=getchar())!='\n'有哪些作用?

______

（4）程序中哪个变量在计数输入字符的个数？为了能计数对变量要执行些什么操作？

______

（5）试编写程序统计输入的一行字符中有多少个数字字符。

______

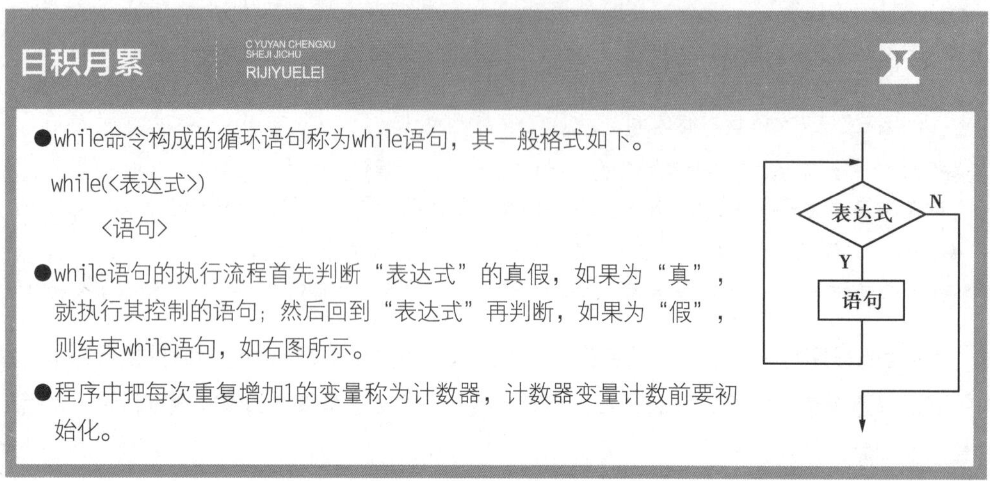


●while命令构成的循环语句称为while语句，其一般格式如下。

while(<表达式>)

<语句>

●while语句的执行流程首先判断“表达式”的真假，如果为“真”，就执行其控制的语句；然后回到“表达式”再判断，如果为“假”，则结束while语句，如右图所示。

●程序中把每次重复增加1的变量称为计数器，计数器变量计数前要初始化。

3.下面的程序将实现把输入的一个自然数倒序后输出，如输入3682，输出则是2863。此问题解决的关键是把输入数的各位数字分离出来，由于不知道会输入多少位的整数，较好的方法是从数的个位分离，直至这个数变成0为止。阅读并测试下面程序，分析程序的执行过程，然后回答后面设置的问题。

```
/* p2.3.3 - - 倒序输出一个自然数    */
#include <stdio.h>
int main(void)
{
   int nin,nout,d;
   nout=0;
   printf("输入一个自然数：");
   scanf("%d",&nin);
   do
   {
      d=nin%10;
      nin=nin/10;
      nout=nout*10+d;
   }while(nin!=0);
   printf("倒序输出为：%d\n",nout);
   return 0;
}
```

记录程序的运行结果：

（1）运行程序，输入位数各不相同的几个自然数进行程序功能测试，然后分析算法的实现过程。

______________________________

（2）分析输入51327时，程序中哪些代码重复执行了几次？用表格展示变量nin、nout和d的变化过程，变量值不确定时用“/”表示。

| nin | nout | d |
|---|---|---|
| 51327 | 0 | / |
| | | |

（3）参考程序中命令do和while构成的循环结构语句，写出它的一般格式并用流程图展示它的执行流程。

______________________________

（4）指出do...while循环语句的三要素。代码中哪条语句修改了循环控制变量？它在分离整数的数字操作中有什么作用？

______________________________

（5）语句nout=nout*10+d;是把分离出来的数字组装成倒序数的关键，请描述它的执行过程。

______________________________

（6）试一试，用while命令和for命令来实现本程序相同的功能。对比下3个版本有什么不同的地方吗？哪一个版本显得更自然一些？

______________________________

（7）试一试，能用do...while命令解决程序 p2.3.2统计输入字符数问题吗？与while命令实现的代码相比有何不同？同时写一个for命令实现的版本进行对比。

______________________________

## 日积月累

C YUYAN CHENGXU SHEJI JICHU RIJIYUELEI

● do和while命令构成循环语句称为do…while语句，其一般格式如下：

```
do
    <语句>
while(<表达式>);
```

● do...while语句开始执行时，先执行作为循环体的“语句”，再判断“表达式”的真假，如果为真，则返回到do命令处开始再次执行“语句”，否则中止do...while语句，如右图所示。

● 程序p2.3.2中的表达式dcn=dcn+1和本程序中的nout=nout*10+d有一种共性，就是变量dcn（或nout）上一次计算的结果是下一次计算的初始值，这种表达式被称为迭代表达式。进而把循环体中包含迭代表达式的循环简称为迭代。

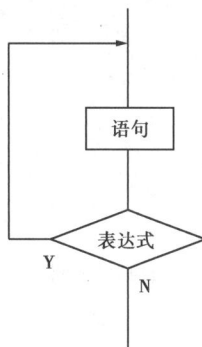

**眼下留神** C YUYAN CHENGXU SHEJI JICHU YANXIA LIUSHEN

- do...while构成循环语句时，建议循环体语句总写成块语句形式，并把while命令置于右大括号后面，注意别遗漏其后的语句结束符分号（;）。
- do...while语句的首次循环先无条件执行循环体语句，然后必须是当循环条件成立才能继续循环。所以do...while语句的循环体总要执行一次。
- for、while和do...while构成的循环结构没有本质的区别，通常是可以互换的。对于有明确重复次数的问题首选for命令，而对未知确切重复次数的问题则首选while命令，当要试执行一次再决定是否重复的问题选择do...while命令更好。
- 在输入数据后，使用while(getchar()!='\n');语句重复读到换行符来实现清空输入缓冲区的作用，以防后续输入语句读入前次输入的多余垃圾数据。

4.为计算1+2+3+…+99+100的和，下面的程序中有3个版本的实现代码。阅读程序并测试，完成后面提出的要求。

| 程序 | 记录程序的运行结果： |
|---|---|

```
/* p2.3.4 - - 求1-100自然数之和      */
#include <stdio.h>
int main(void)
{
   int i,s=0;
   //版本1
   for(i=1;i<=100;i++)
      s+=i;
   printf("for:s=%d\n",s);
   //版本2
     i=1;s=0;
   while(i<=100)
   {  s+=i;
      i++;
   }
   printf("while:s=%d\n",s);
   //版本3
   i=1;s=0;
   do
   {  s+=i;
      i++;
```

```
    }while(i<=100);
    printf("do...while:s=%d\n",s);
    return 0;
}
```

（1）运行程序观察程序结果，3个版本的实现在功能上有区别吗？你愿意选用哪个版本的程序实现？为什么？

______________________________

（2）请分析s+=i是不是一个迭代表达式？说明你的理由。

______________________________

（3）阶乘是数学上的概念，自然数n的阶乘记为n!=1×2×3×…×(n−1)×n。请编写程序实现输入自然数n，输出其阶乘。

______________________________

NO.2

[ 任务二 ]

# 实现多重循环流程控制

在一些复杂问题处理中要进行分级处理，而且每一级都是重复操作。在程序实现时就体现为循环语句的循环体中包含有循环语句的情形，这就是嵌套循环。嵌套循环是解决多级重复问题的强大工具。C语言提供的循环控制命令都可以嵌套使用来实现多级循环流程控制。

1.在程序p2.3.1中重复使用putchar()函数实现了打印一定长度的线条，现在要求用函数putchar()打印出指定行、列的装饰矩形块。阅读下面的程序代码并上机验证，然后按要求操作并回答其后的问题。

```
/* p2.3.5 ——输出字符矩形块    */
#include <stdio.h>
int main(void)
{   int row,col;
    printf("输入矩形块的行、列数：");
    scanf("%d %d",&row,&col);
```

记录程序的运行结果：

```
    for(int r=1;r<=row;r++)
    {   for(int c=1;c<=col;c++)
            putchar('*');
        putchar('\n');
    }
    return 0;
}
```

（1）运行程序输入矩形块的行、列数，观察程序输出结果。多测试几次，观察输出结果的变化。并以输入“3　5”为例，分析 putchar('*');执行的次数。

______________________________

（2）为便于交流把内嵌在循环体中的循环语句称为内循环，相应把包含循环语句的循环语句称为外循环。请描述程序中两个for语句的关系和在输出矩形块中的作用。

______________________________

（3）请描述本程序中外循环执行了几次？内循环执行了几次？内循环体执行了几次？

______________________________

（4）试修改程序代码使输出字符组成三角形块（提示把外循环控制变量引入到内循环中）。

______________________________

（5）试编程计算表达式$1+\frac{1}{2!}+\frac{1}{3!}+\frac{1}{4!}+\cdots+\frac{1}{9!}+\frac{1}{10!}$的值。

______________________________

2.在信息社会，密码成为人们使用信息服务的钥匙。下面程序模拟用1~9的数字生成4位数密码，排除数字完全相同的密码，统计有多少可用密码。阅读并测试程序，然后回答后面的问题。

```
/* p2.3.6 - - 生成密码数      */
#include <stdio.h>
int main(void)
{   int i,j,k,l;
    int psd=0,pcn=0;
    for(i=1;i<=9;i++)
      for(j=1;j<=9;j++)
        for(k=1;k<=9;k++)
```

记录程序的运行结果：

```
        for(l=1;l<=9;l++)
        {  psd=i*1000+j*100+k*10+l;
           if(psd%1111!=0)
              pcn+=1;
        }
   printf("可用密码数有%d\n个",pcn);
   return 0;
}
```

（1）阅读程序，然后描述本算法是如何实现的？采用了几级嵌套循环？

（2）程序中的if语句有何作用？

（3）试一试，打印一张“九九加法表”或“九九乘法表”。

## 眼下留神

C YUYAN CHENGXU SHEJI JICHU
YANXIA LIUSHEN

- C语言标准没有规定嵌套循环的层级数，嵌套循环的层级数只受限于编程环境（如编译器、操作系统和硬件）。在实际编程中，过多的嵌套循环层级数会降低程序的可读性并增加代码维护难度且有内存溢出的风险。
- 在嵌套循环中，外层循环体的每次循环，内层循环语句都要执行一次。只有当外层循环条件为假时，才结束整个嵌套循环。
- 外循环控制变量可用在内存循环中，可使内存循环次数有规律地变化并实现特定的功能要求。
- 打印“九九加法表”和“九九乘法表”时，通过指定打印宽度可方便控制输出对齐。

[ 任务三 ]

NO.3

# 辅助循环流程控制

在一些重复性问题中并不需要从头到尾完全重复，而是需要在某个条件出现时，立即中止重复行为。还有一种情况则是在某一条件出现时，要忽略掉重复操作的部分步骤。但循环语句自身总是在循环条件为假时才会中止重复执行，为满足提前结束循环或忽略部分操作步骤，C语言提供了辅助控制命令实现这些要求。

1.质数在数据加密技术中有着至关重要作用，两个大质数相乘得到的合数，在现有的算力下，几乎无法被有效地分解为两个质数，这种难以分解的特性就是质数在加密中应用的基础。质数是只有1和它本身两个因数的大于1自然数。下面的程序实现判断输入的自然数是否为质数。阅读并测试程序，然后回答其后相关的问题。

```
/* p2.3.7 – –判断质数      */
#include <stdio.h>
int main(void)
{   unsigned num,div;
    printf("Enter a natural number：");
    scanf("%u",&num);
    for(div=2;div<num;div++)
        if(num%div==0)
            break;
    if(div<num)
        printf("%u is not a prime.\n",num);
    else
        printf("%u is a prime.\n",num);
    return 0;
}
```

记录程序的运行结果：

（1）阅读程序代码，描述程序采用的算法是如何实现的。

______________________________

（2）变量div起什么作用？程序中它的范围是怎样确定的？想一想，任何一个自然数超过它一半的数中除了它自身还有它的因数吗？你认为div的范围可以进一步缩小吗？试一试，你能缩小到哪种程度？

______________________________

（3）程序中的for语句的功能是什么？它有几条退出路径？分别是因为什么原因退出的？从不同的路径退出后，循环条件（div<num）处于什么状态？

______________________________

（4）相信你已猜到break语句在循环语句中的作用了，想一想，为什么要用if(num%div==0)命令把它控制起来？

______________________________

（5）程序代码中，为何要设置第2个if语句？

______________________________

（6）试一试，编写程序判断输入的自然数是否是一个合数。合数与质数正好相反，是指除了1和它自身外还有其他因数的数。

______________________________

2.输入一行由@字符分隔开的两段文字，要求把@之前的文字中的字母转换成大写，其他字母转换成小写。阅读下面程序并上机验证，然后回答其后相关的问题。

```
/* p2.3.8 – –分段转换字母大小写      */
#include <stdio.h>
int main(void)
{  char ch;
   _Bool at=0;
   while((ch=getchar()) != '\n' )
   {
      if(ch=='@')
         at=1;
      if(at==1)
      {  if(ch>='A' && ch<='Z')
            ch+=32;
         putchar(ch);
         continue;
      }
      if(ch>='a' && ch<='z')
            ch-=32;
      putchar(ch);
   }
   return 0;
}
```

记录程序的运行结果：

（1）按要求输入一行用@分隔的文字，测试程序功能。然后指出while循环体由哪些语句组成，它们的作用是什么?

______________________________

（2）请描述continue（意为“继续”）命令起到什么控制作用?

______________________________

（3）本程序功能可以不使用continue命令来实现吗？试一试。

______________________________

**日积月累** C YUYAN CHENGXU SHEJI JICHU RIJIYUELEI

- break语句在循环结构中的作用是中止包含它的循环语句，然后执行循环语句的后续语句。
- continue语句的作用是略过continue语句至循环体结束之间的语句而直接开始下一次循环。

**眼下留神** C YUYAN CHENGXU SHEJI JICHU YANXIA LIUSHEN

- break语句可用于循环语句或switch语句中，continue语句只能用于循环语句中。
- break语句和continue语句只能控制直接包含它的循环语句的执行流程。
- break语句和continue语句一般与if语句配合使用，而不单独使用。
- 使用continue语句结束本次循环后，对于while语句和do...while语句，它的下一步是计算while表达式；对于for语句，则执行表达式3。
- 恰当设计执行逻辑可以避免使用continue语句。

［任务四］ NO.4

# 设计循环结构程序

1.问题

猜数游戏是一个人先随意确定一个整数（限于100以内），让其他人来猜数，如果猜的数大于事先确定的数就提示“大了”；如果猜的数小于事先确定的数就提示“小了”，猜中结束游戏，并给出猜数的次数。把猜数游戏转换成程序，由程序模拟猜数人，玩家输入数猜数，直到猜中为止。

2.分析

猜数游戏程序让计算机出一个随机整数存入变量chsno中，C语言产生随机整数通过调用标准函数库中的rand()函数，它产生0~RAND_MAX（可能是32767）的伪随机数。为了每次能产生不同的伪随机数序列，需要调用srand()函数设置随机序列种子，它接收一个unsigned型数为参数，不同的参数值对应不同随机序列种子。因此，要给它提供随时间变化的unsigned型数，使用time()函数是理想的选择，它以秒为单位返回从1970年1月1日00:00:00 到现在经过的时间，并存储到指针引用的变量中，如不需使用时间可把参数设为空指针NULL。因此，用srand(time(NULL));设置随机序列种子。程序中变量使用计划为被猜数chsno=rand()/100，猜测数gusno，猜测次数guscn。

本游戏执行逻辑不复杂，构造一个无限循环，在循环体中输入猜测数gusno，使用语句执行判断逻辑并给出提示，然后猜测次数计数器guscn递增1，猜中后退出循环。请用流程图表示游戏程序的执行流程。

3.编码方案

```
/* p2.3.9 – –猜数游戏      */
#include <stdio.h>
#include <stdlib.h>
#include <time.h>
int main(void)
{  int chsno=0;
   int gusno=0,guscn=0;
   srand(time(NULL));
   chsno=rand()%100;
   printf("开始猜数....\n");
   while(1)
   {  scanf("%d",&gusno);
      guscn++;
      printf("你第%d次猜的是%d:",guscn,gusno);
      if(gusno>chsno)
         printf("大了\n");
      else if(gusno<chsno)
         printf("小了\n");
      else
      {  printf("对了\n");
         break;
```

记录程序的运行结果：

```
        }
    }
    return 0;
}
```

（1）运行程序并试玩游戏，程序实现了需要的功能吗？请框出程序中的关键代码并描述它们的功能。

______________________________

（2）出数表达式chsno=rand()%100产生哪个范围的数？如果要产生3位整数应怎样构造出数表达式？

______________________________

（3）命令while(1)实现了什么控制？可以用for或do...while命令来实现同样的控制吗？

______________________________

（4）修改程序让游戏者最多可以猜6次，超过6次则猜测失败。

______________________________

（5）你也可以将游戏改为限时，比如10秒之内猜对为胜。请修改代码并测试是否实现。

______________________________

## 眼下留神

C YUYAN CHENGXU SHEJI JICHU
YANXIA LIUSHEN

- 函数rand()和srand()声明在stdlib.h头文件中，time()函数声明在time.h头文件中，在使用rand()生成伪随机数时，需要在源程序中包含这两个头文件。
- time()函数返回类型是time_t，它是32位或64位的整数（具体是多少位与实现有关）。time()函数的参数是接收获取时间数的time_t指针，不用指针接收时间值时可设置为NULL。
- rand()产生的是伪随机数，真正的随机数只存在于自然的活动过程中。

# ▶ 模块评价

## 实战演练

### 1.填空题

（1）循环流程结构用于控制执行________操作。

（2）在循环语句体中包含另一个循环语句的用法称为________。

（3）执行循环体中的break语句后将________包含它的循环语句。

（4）要提前开始下一循环，需要执行________语句。

（5）循环语句for(i=0;i<=10;i*=2)；要执行的次数是________。

（6）循环语句x=2;while(x--)；执行后x的值为________。

（7）使用for命令时，省略了表达式2时，则构建的是________循环。

（8）执行语句for（i=1；i++<4；）；后变量i的值是________。

（9）至少执行一次循环体的循环语句是________。

（10）循环结构的3要素是________、________、________。

### 2.判断题

（1）循环条件表达式中必须包含变量，才有可能使循环正常结束。（ ）

（2）for命令中表达式1处可以定义变量。（ ）

（3）for命令省略表达式2时，其循环体永不执行。（ ）

（4）continue语句执行后都从测试循环条件开始下一循环。（ ）

（5）在嵌套循环中，break语句可从内存循环转移到嵌套循环外执行。（ ）

（6）对于同样的问题，do...while总比for和while多执行一次循环体。（ ）

（7）前一循环的结果是下一循环的初值的循环称为迭代。（ ）

（8）循环语句的循环次数由循环条件决定。（ ）

（9）循环体中有break语句，执行后一定结束循环语句。（ ）

### 3.选择题

（1）下列不完全与循环结构有关的命令是（ ）。

A.while　　B.continue　　C.do　　D.break

（2）下列循环语句有错的是（ ）。

A.while(1);　　B.while(1){}　　C.do;while(1)　　D.do;whle(1);

（3）对于for语句，执行contiue;语句后，流程将转到执行（ ）。

A.表达式1　　B.表达式2　　C.表达式3　　D.循环体开始处

（4）下面不是迭代表达式的是（ ）。

A.s+=i　　B.s−=i　　C.m*=i　　D.s=m*i

（5）下列关于循环结构说法正确的是（ ）。

A.while和do...while只能用于构建重复次数不确定的循环结构

B.while(1)与for()所起的控制作用等价

C.for、while和do...while可以实现相同的流程控制

D.do...while的循环体可以无条件执行

**4.阅读程序**

（1）

```
#include <stdio.h>
int main(void)
{   int i;
    for(i=0;i<3;i++)
      switch(i)
      {   case 1: printf("%d",i);
          case 2: printf("%d",i);
          default: printf("%d",i);
      }
     return 0;
  }
```

（2）

```
#include <stdio.h>
int main(void)
{   int x=39;
    long r=0,e=1;
    while(x)
    {   r=x%2*e+r;
        x/=2;
        e*=10;
    }
     printf(“r=%ld”,r);
        return 0;
}
```

（3）

```
#include <stdio.h>
int main(void)
```

```
{  int a,b;
   int m=0,n=0;
   for(a=1;a<9;a+=2)
      for(b=1;b<=a;b*=2)
        m+=a-b;
    n+=1;
    printf( "m=%d,n=%d" ,m,n) ;
    return 0;
}
```

（4）

```
#include <stdio.h>
int main(void)
{  int a=28,b=98,t;
   if(a<b)
      t=a,a=b,b=t;
   do
   {
      if((t=a%b)==0)
         break;
      a=b;
      b=t;
   }while(1);
   printf("%d\n",b);
   return 0;
}
```

**5.编写程序**

（1）计算1−3+5−7+⋯+301−303的和。

（2）输入47名同学某一学科的考试分数，计算并输出该学科的总分、平均分、最高分和最低分。

（3）输入一个整数，输出它的所有因数。

（4）有一对兔子，从出生后的第3个月起每个月都生一对兔子。小兔子长到第3个月后每个月又生一对兔子，如果所有兔子都不死，这样每个月的兔子总数依次为1、2、3、5、8、13……这列数称为兔子数列，也就是Fibonacci数列。编程求一年内每个月的兔子总数。

（5）有表达式1+(1+2)+(1+2+3)+⋯+(1+2+3+⋯+n)，输入n，输出表达式的和。

（6）输出如下图案

```
1                        *
2 4                     ***
3 6 9                  *****
4 8 12 16             *******
5 10 15 20 25        *********
```

（7）输出1,2,4,7,11,16,……数列的前30项，每行输出10个数。

## 模块能力评价表

班级＿＿＿＿＿＿＿＿　姓名＿＿＿＿＿＿　　　　年　　月　　日

| 核心能力 | 评价指标 | 自我评价（掌握程度） | |
|---|---|---|---|
| | | 基础知识 | 基本技能 |
| 实现循环流程控制 | ●能描述循环结构流程的控制特性<br>●能描述for语句的格式和执行过程<br>●能描述while语句的格式和执行过程<br>●能描述do...while语句的格式和执行过程<br>●能描述break、continue的控制作用<br>●能构建循环结构执行重复操作 | ○○○○○<br>○○○○○<br>○○○○○<br>○○○○○<br>○○○○○<br>○○○○○ | ○○○○○<br>○○○○○<br>○○○○○<br>○○○○○<br>○○○○○<br>○○○○○ |
| 实现多重循环流程控制 | ●能描述嵌套循环的构成<br>●能描述嵌套循环的执行过程<br>●能说明限制嵌套循环级数的因素<br>●会构建双重嵌套循环解决实际问题 | ○○○○○<br>○○○○○<br>○○○○○<br>○○○○○ | ○○○○○<br>○○○○○<br>○○○○○<br>○○○○○ |
| 设计循环结构程序 | ●能识别问题中的重复操作<br>●能根据实际问题要求选择循环控制命令<br>●能实现累加、累积问题求解<br>●能实现常见特征数的判别<br>●能实现常见特征数列项的求解<br>●能输出常见二维图形 | ○○○○○<br>○○○○○<br>○○○○○<br>○○○○○<br>○○○○○<br>○○○○○ | ○○○○○<br>○○○○○<br>○○○○○<br>○○○○○<br>○○○○○<br>○○○○○ |
| 其他 | | | |
| 综合评价： | | | |

NO.3

# 复合数据对象

C语言预定义了整型、浮点型和字符型等几种基本数据类型。在实际应用中，只使用几种基本数据类型来描述客观世界中丰富多样的事物是大受限制甚至是不能实现的。为此，C语言提供了使用现有数据类型构造复杂数据类型的机制，也就是说，可以根据应用需要把多个数据类型定义为一个新数据类型，这被称为构造数据类型。构造数据类型描述的数据对象由多个数据对象组成，这种数据对象被称作复合数据对象（composite）。定义新数据类型的机制提高了C语言的表达能力，为程序员编写大型程序时组织复杂的数据结构带来了极大的方便。

## 本部分内容涵盖：

- 数组的定义与访问
- 基于数组的数据统计
- 基于数组的排序算法实现
- 字符数组与字符串的处理
- 结构类型的定义与基础应用

# 模块一 / 用数组处理数据

在数据处理中，经常要存储和处理描述一类事物某一属性的大量数据，如统计一个公司所有员工要发放的奖金总和。由于这些数据相关且具有相同的类型，为了高效地进行数据处理，需要把它们组织起来，以一种高效的方式进行访问并处理。C语言提供了数组数据对象用于组织一组相关的、类型相同的数据，它为高效灵活地处理数据带来极大的方便。数组实现了存储和访问同种类型的数据的简单方法，在数据分析处理中有着广泛的应用。学习完本模块后，你将能够：

+ 描述数组数据对象的组成和相关术语；
+ 实施数组的定义、初始化和访问；
+ 基于数组实现数据基本统计分析；
+ 实施数据的排序与查找；
+ 使用字符数组处理字符串。

NO.1

# [ 任务一 ]

# 考查数组数据对象

超市收银台正在计算一位顾客所购商品应支付的总价，跳远裁判正在为参赛运动员的成绩排序，会计正在统计员工的应发工资，销售正在汇总本季度的总销量，卫健工作人员正在分析辖区内小学三年级学生的体重，诸如此类的数据处理在生产、生活中时时发生，它们的共同点就是处理的都是一类相同类型的数据。

1.下面程序将完成统计一个由6人组成的运动队队员的平均身高。阅读程序并分析实现数据处理的方法，然后回答后面提出的问题。

```
/*p3.1.1 –使用基本类型统计平均数 –                    *
  符号量COUNT代表运动员人数，                          *
  hgt0~hgt5存储6个队员各自的身高，                     *
  hgt_sum、hgt_avg分别存储身高总数与平均数             *
*/
#include <stdio.h>
#define COUNT 6
int main(void)
{
   float hgt0,hgt1,hgt2,hgt3,hgt4,hgt5;
   float hgt_sum,hgt_avg;
   scanf("%f",&hgt0);
   scanf("%f",&hgt1);
   scanf("%f",&hgt2);
   scanf("%f",&hgt3);
   scanf("%f",&hgt4);
   scanf("%f",&hgt5);
   hgt_sum=hgt0+hgt1+hgt2+hgt3+hgt4+hgt5;
   hgt_avg=hgt_sum/COUNT;
   printf("hgt_avg=%.2f\n",hgt_avg);
  return 0;
}
```

记录程序的运行结果：

（1）请描述程序所实现的问题求解方法，然后谈一谈你对这种实现方案的看法。

______________________________

（2）如果还需要输出他们身高的最大值和最小值，应该怎样修改程序代码呢？试一试，把通过的程序代码记录下来，并评价所采用的实现方法。

______________________________

（3）同样的问题，如果处理的是100名运动员的身高数据，你认为本程序的数据组织方式有助于问题求解吗？试一试，然后谈一谈你的感想。

______________________________

（4）本问题中处理的数据有什么特征？存储数据的变量在取名上采取了什么策略？

______________________________

（5）hgt0，hgt1，hgt2，hgt3，hgt4，hgt5这组变量名与数学上的x1，x2，x3，x4，x5，x6有哪些相似之处？你认为应该对程序中的这组变量进行怎样改造，就可以用类似“hgt<编号>”这样的固定模式，只需改变编号就可以表示不同的变量，然后利用计算机的重复执行能力来方便地完成同样的统计任务？

______________________________

**眼下留神** C YUYAN CHENGXU SHEJI JICHU YANXIA LIUSHEN

- 在处理上了一定规模的同一类数据时，直接使用基本类型变量来组织数据是不适宜的。因此，一个好的算法离不开结构良好的数据组织方式。
- 形如hgt0，hgt1，hgt2，…的变量名，在人类看来是表达一组有联系的数据，但在编译器看来却是毫无关系的基本变量。也不能在程序代码中像数学表达式中那样写带脚标的变量，如$hgt_0$，$hgt_1$，$hgt_2$等。这种变量编译器不能识别，在代码编辑窗口中也写不出这样的变量名。

2.分析下面的程序并上机测试，看一看它是否能实现程序p3.1.1完全相同的功能，然后回答后面的问题。

```
/*p3.1.2 – –统计运动平均身高平均数        */
#include <stdio.h>
#define COUNT 6
int main(void)
{
   float hgt[COUNT];
```

记录程序的运行结果：

```
    float hgt_sum=0,hgt_avg;
    for(int i=0;i<COUNT;i++)
        scanf("%f",&hgt[i]);
    for(int i=0;i<COUNT;i++)
        hgt_sum=hgt_sum+hgt[i];
    hgt_avg=hgt_sum/COUNT;
    printf("hgt_avg=%.2f\n",hgt_avg);
    return 0;
}
```

（1）设计3组以上的数据分别测试本程序与程序p3.1.1，观察它们的运行结果，它们实现的程序功能相同吗？

______

（2）比较两个程序的源代码，找出实现相同功能的不同代码，描述发生的变化并说明这种变化带来的表达能力的改进是什么。

______

（3）如果现在需要统计的数据规模增加到数百以至上千个身高数据，现在让你来完成平均身高的统计，你觉得有困难吗？试一试，说出你是如何修改的？

______

（4）你能解释语句 float hgt[COUNT];完成的工作吗？并用图示表达。此处COUNT起什么作用？

______

（5）下面两条语句实现了什么操作？并说明&hgt[i]和hgt[i]表达了什么？

```
for(int i=0;i<COUNT;i++)                for(int i=0;i<COUNT;i++)
    scanf("%f",&hgt[i]);                    hgt_sum=hgt_sum+hgt[i];
```

（6）你认为标识符hgt标记了什么？hgt[i]与hgt是什么关系？方括号“[]”中的变量i有何作用？对于变量i的取值类型和范围你认为应该有什么要求？并说明为什么？

______

3.某生产班组有3名员工，现要统计他们在5个工作日生产零件的总量。班组长提供一个记录它们每天生产零件数的记录表，如下：

| 姓名 | 周一 | 周二 | 周三 | 周四 | 周五 |
|---|---|---|---|---|---|
| Helen | 89 | 92 | 98 | 104 | 83 |
| Brian | 107 | 97 | 95 | 110 | 90 |
| Gary | 96 | 93 | 91 | 100 | 96 |

观察下面程序的实现方法并上机测试，结合人工处理结果，回答相关问题。

| 程序 | 记录程序的运行结果： |
| --- | --- |
| <pre>/*p3.1.3_1 - -统计运动平均身高平均数      */<br>#include <stdio.h><br>#define WDAYS 5<br>int main(void)<br>{<br>   int jield0[WDAYS]={89, 92,98,104,83};<br>   int jield1[WDAYS]={107,97,95,110,90};<br>   int jield2[]     ={96, 93,91,100,96};<br>   int Helen=0,Brian=0,Gary=0;<br>   for(int i=0;i<WDAYS;i++)<br>   {<br>      Helen=Helen+jield0[i];<br>      Brian=Brian+jield1[i];<br>      Gary=Gary+jield2[i];<br>   }<br>   printf("Helen:%d\n",Helen);<br>   printf("Brian:%d\n",Brian);<br>   printf("Gary:%4d\n",Gary);<br>  return 0;<br>}</pre> | 记录程序的运行结果： |
| <pre>/*p3.1.3_2 - -统计工人生产零件总量      */<br>#include <stdio.h><br>#define WKCNT 3<br>#define WDAYS 5<br>int main(void)<br>{<br>   int jield[WKCNT][WDAYS]={ {89, 92,98,104,83},<br>                             {107,97,95,110,90},<br>                             {96, 93,91,100,96}<br>   };<br>   int worker_s[WKCNT]={0};<br>   for(int i=0;i<WKCNT;i++)</pre> | 记录程序的运行结果： |

```
        for(int j=0;j<WDAYS;j++)
            worker_s[i]=worker_s[i]+jield[i][j];
    printf("Helen:%d\n",worker_s[0]);
    printf("Brian:%d\n",worker_s[1]);
    printf("Gary:%4d\n",worker_s[2]);
  return 0;
}
```

（1）执行这两个程序，观察它们是否能实现统计工人在5个工作日生产零件的总量。能不能指出它们在实现上的差异?

______

（2）在程序p3.1.3_1中一个工人5个工作日生产零件数是以什么方式存入内存的？第3个工人的数据在存入内存时，使用的语句int jield2[]　　={96, 93,91,100,96};与前两个语句不同，在执行时有没有遇到什么问题？你认为在什么情况下准备一组数据时可以省略“[]”指定的数量?

______

（3）试一试，修改下面两条语句，在“{}”中的数据值列表中增加一个数据，重新编译程序，程序能正常运行吗？从编译器反馈的信息中，你知道了什么?

```
int jield1[WDAYS]={107,97,95,110,90};
int jield2[]     ={96, 93,91,100,96};
```

______

（4）在程序p3.1.3_2中，标识符jield标记了怎样的一组数？这组数据源代码中的表示方法与零件生产记录表有何相似之处？要在这样的一组数中确定一个数（如：100，Brian在周四的生产数量）的位置，你将采取什么方案?

______

（5）程序p3.1.3_2中的jield[i][j]表示的是什么？其中的i和j起什么作用?

______

（6）如果把程序p3.1.3_2中“int jield[WKCNT][WDAYS]=”后内层大括号括起的几个数视为一个数据对象，则外层括号里有几个数据对象？如果用标识符jeild来标记它们应采用什么形式?

______

（7）试一试，把程序p3.1.3_2中“int jield[WKCNT][WDAYS]=”后内层大括号去掉，并把所有数据安排在一行上，然后运行程序，修改后对程序结果有影响吗？这能说明什么呢?

______

## 日积月累

C YUYAN CHENGXU SHEJI JICHU RIJIYUELEI

●数组是连续存储的、类型相同的一组变量的集合，数组是一个复合数据对象。这所有的变量共用同一标识符，被称为数组名。组成数组的变量被称为数组元素，数组元素的个数被称为数组长度。

●数组中每个元素分配有一个索引号，通过索引号可以访问数组中指定的元素。数组元素表示为：<数组名>[<索引号>]，如worker_s[0]，jield[i][j]等。

●确定数组元素需要的索引号数目称为数组的维。只需一个索引号能定位元素的数组是一维数组，需要两个索引号定位元素的数组称为二维数组，需要三个及以上索引号才能定位元素的数组称为多维数组。

●定义数组需要向编译器提供要存储数据的类型、名称和个数。定义数组的一般格式为：

一维数组：<类型> <数组名>[<长度>]={<初值列表>}；

二维数组：<类型> <数组名>[<行数>][<列数>]={{<初值子表1>},<初值子表2>},…}；

●数组对象在内存中的存储模式如下图所示。

int a[5]={18, 91, 71, 30, 51};

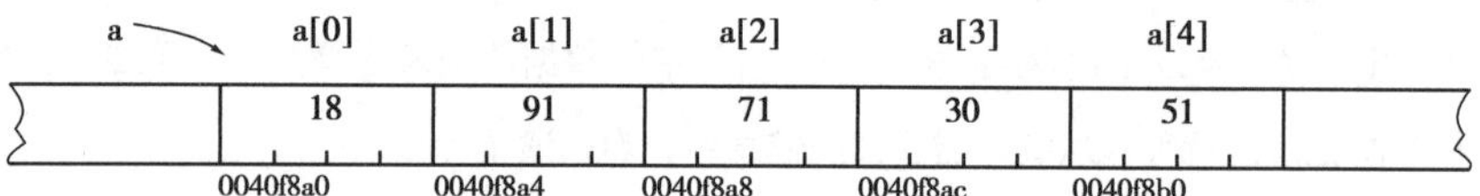


一维数组元素在内存中存储模式，元素地址仅截取了后8位

int b[3][4]={{1,3,5,7},{2,4,6,8},{13,15,17,19}};

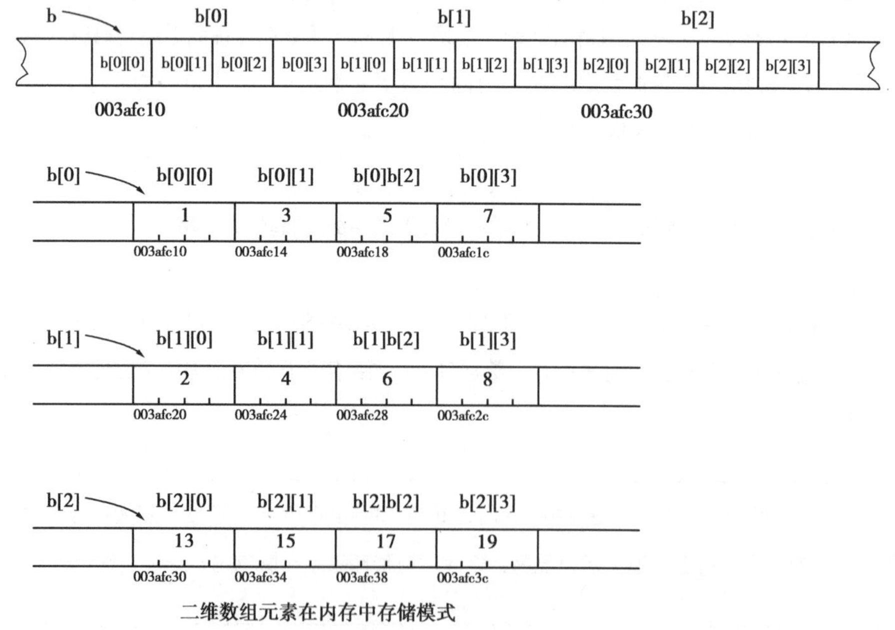


二维数组元素在内存中存储模式

- C语言中任何数组元数在内存中从指定的起始地址开始依次连续存储，编译器把分配给数组的内存空间的开始内存单元的地址指派给数组名，换句话说，数组名就是代表了数组首地址的符号字面量。
- 对于类型为<type>的一维数组，数组名代表的地址的类型为<type>*。如int a[5]，数组名a的类型为int*。
- 二维数组在逻辑上看是一个按行、列组成的表格存储结构，但在内存中依然是按逻辑行顺序从指定的起始地址开始依次连续存储，一行数据存储完依次存储后一行数据。
- 二维数组的一个逻辑行实质是一个一维数组，因此，二维数组可视为逻辑行为元素的一维数组。对于<type>类型的二维数组，<数组名>[0]是它的第1个元素，也是第1行一维数组的数组名，其类型为<type>*，其余类推；而数组名则是以<数组名>[0]，<数组名>[0]，…为元素的一维数组的数组名，其类型则为<type>**。如int b[3][4]，它的元素b[0]，b[1]，b[2]的类型是int*，b的类型则是int**。

## 眼下留神

C YUYAN CHENGXU SHEJI JICHU
YANXIA LIUSHEN

- 索引号是从0开始的无符号整型数，可用字面量、变量或表达式指定。索引号的取值范围是：0~（数组长度-1）。索引号不能超过定义的范围，否则称为索引号越界。编译器不检查索引号是否越界，这需要程序员自己管理。索引号越界将导致未知的结果，严重时引起系统锁死，因此，在程序设计中要严格检查。
- 由于人的使用习惯与计算机不同，我们把开始的元素称为第1个，而计算机给的索引号则是0，第2个元素的索引号则是1，依次类推。为避免混乱，建议以索引号称元素，如0号元素，1号元素等。
- 定义数组时，要明确指定数组的长度，初始化可选。如果提供初值列表，则可以省略数组长度，编译器将根据初值个数推测出数组长度。
- 初始化时初值个数不能超过数组的长度。初始化从0号元素开始依次设置初值，当初值个数不足时，编译器给后面的元素设置为零值。
- 数组名代表数组在内存中的存储地址，也即0号元素的地址，又称为数组地址。数组地址在程序编译时分配，在程序运行过程中不再改变。因此，数组名不是变量，不能给数组名赋值。

[ 任务二 ] NO.2

# 访问数组中的数据

存储在数组中的数据可以使用数组名结合索引号定位要操作的数组元素，可以像对待基本类型变量那样对数组元素实施输入、输出、赋值等运算操作。

1.要统计六月份日气温30度以上的天数，并按每行7个输出该月每天的气温。阅读分析下面的程序，然后回答后面提出的问题。

```
/*p3.1.4 – –数组的输入输出*/
#include <stdio.h>
#define MDS 30
int main(void)
{
    float tep[MDS]={0};
    unsigned int htd=0;
    for(int i=0;i<MDS;i++)
        scanf("%f",&tep[i]);
    for(int i=0;i<MDS;i++)
        if(tep[i]>=30.0)
            htd+=1;
    for(int i=0;i<MDS;i++)
    {
        printf("%6.1f",tep[i]);
        if((i+1)%7==0)
            printf("\n");
    }
    printf("\nAbove 30 degrees are %u days\n",htd);
    return 0;
}
```

记录程序的运行结果：

（1）设计一组日气温数据，然后运行测试程序，并记录程序运行结果。

（2）请描述程序中3个循环语句实现的是什么功能。是否可以只用一个循环来实现同样的功能？

______________________________

（3）程序中使用什么方式来访问数组元素？数组名代表了数组在内存中的地址，根据数组元素的存储特性，你能设计出通过地址访问数组元素的方法吗？试一试。

______________________________

2.在使用数组解决的问题要频繁访问内存时，使用指针比使用变量名访问内存中的数据有更高的执行效率。阅读下面程序，考查通过指针操作数组元素的方法，然后回答后面提出的问题。

```
/*p3.1.5 --通过指针访问数组      */
#include <stdio.h>
#define LEN 5
int main(void)
{
   int   in[LEN]={65,69,73,79,85};
   short  sn[LEN]={65,69,73,79,85};
   int   *pin=in;
   short  *psn=sn;
   for(int i=0;i<LEN;i++)
      printf("%p  %p  %p\n",&in[i],in+i,pin+i);
   printf("\n");
   for(int i=0;i<LEN;i++)
      printf("%p  %p  %p\n",&sn[i],sn+i,psn+i);
   printf("\n");
   for(int i=0;i<LEN;i++)
      printf("%d  %d  %d\n",in[i],*(in+i),*(pin+i));
   printf("\n");
   for(int i=0;i<LEN;i++)
      printf("%d  %d  %d\n",sn[i],*(sn+i),*(psn+i));
   for(int i=0;i<LEN;i++)
      printf("in[%d]=%d  sn[%d]=%d\n",i,pin[i],i,psn[i]);
   printf("\n");
   for(int i=0;i<LEN;i++)
      printf("in[%d]=%d  sn[%d]=%d\n",i,*pin++,i,*psn++);
   return 0;
}
```

记录程序的运行结果：

（1）根据程序执行结果，&in[i]，in+i，pin+i这组表达式的值是什么？它们三者有何关系？

______________________________

（2）程序中sn[i]，*(sn+i)，*(psn+i)的作用是什么？采用psn[i]的形式能访问该数组的i号元素吗？试一试。

______________________________

（3）分析程序设计结果，表达式pin+1和psn+1的值是在原值上加1吗？请归纳在指针变量上执行加减整数的操作规则。

______________________________

（4）请分析最后一个for语句中表达式*pin++和*psn++的执行过程，记录每次循环后指针变量pin和psn的值，说明pin和psn引用的数据对象的变化。

______________________________

（5）表达式*pin++与*(pin+1)有什么不同？对于数组名in可以构建类似的表达式*in++来访问数组吗？最后一个for语句结束后pin、psn引用的内存地址还安全吗？

______________________________

## 眼下留神

C YUYAN CHENGXU SHEJI JICHU YANXIA LIUSHEN

- 使用指针可以高效、灵活地访问数组中的元素。正因为指针灵活，在使用时务必谨慎控制其访问的内存空间，以免指针越界访问导致不可预知的问题或系统异常。
- 用数组名初始化指针变量后，该指针变量就可以替代数组名访问数组。通过改变指针变量可使指针变量引用指定的数组元素。
- 指针变量加或减一个整数不是简单地在原值上加或减，实际加减的值与指针变量引用的数据类型有关，也是类型字节数的整数倍数。如：int *pin;，则表达式pin+=3将使pin在其原值上加4*3。
- 两个指向同一个数组的指针变量可以做减法，其结果是两个指针间元素的个数。指针变量的差值类型是ptrdiff_t，在头文件stdint.h中定义，其实也是一个整数，输出时可用类型长度修饰符t，格式转换说明符可以是%td、%tu等。

NO.3 ［任务三］

# 创建可变长度数组

在解决实际问题时，经常遇到不能事先确定要处理数据的个数，如参加运动会各参赛队的人数、诊室一天来就诊的人数、网站来访人数、购物网站上某商品浏览人数等。在设计这类事务的管理程序时，就不易确定数据量的多少。C语言提供了定义可变长度数组的机制在一定程度上有助于解决这类问题对数据存储空间的使用。

1.要统计一次运动会各代表队队员的平均年龄，由于各队人数不等且相差较大。要求程序输入代表队人数和年龄，输出平均年龄。阅读下面程序并设计几组数据进行测试，然后回答后面提出的要求。

```
/*p3.1.6 – –可变长度数组  */
#include <stdio.h>
int main(void)
{
   int teamcn=0;
   printf("输入队员人数：");
   scanf("%d",&teamcn);
   float tages[teamcn];
   float sum_ages=0,avg_ages=0.0;
   printf("输入队员年龄：");
   for(int i=0;i<teamcn;i++)
      scanf("%f",&tages[i]);
   for(int i=0;i<teamcn;i++)
      sum_ages+=tages[i];
   avg_ages=sum_ages/teamcn;
   printf("\navg_ages=%.1f\n",avg_ages);
   return 0;
}
```

记录程序的运行结果：

（1）上机测试程序，你发现在每次运行时针对不同的代表队，是否定义了不同长度的数组来存储队员的年龄?

______________________________

（2）描述本程序中数组的定义过程，说明数组是怎样实现长度可变的?

______________________________

（3）试一试，能对数组tages进行初始化吗?

______________________________

2.程序p3.1.6中的数组长度是在程序运行后确定的，适用于确定数据量的事务处理，只是对于同一事务的不同批次有不同的数量。这种方法不能适用于排号系统，因为来排号的人总是变化着，时多时少，排号系统需要动态调整要处理的数据量多少。阅读分析下面的程序，然后完成后面提出的要求。

```
/*p3.1.7 – –动态调整数组容量   */
#include <stdio.h>
#include <stdlib.h>
#define BS 10
int main(void)
{
   int *queque=NULL;
   unsigned int Qlen=BS;
   unsigned sno=1000;
   queque=(int*) malloc(sizeof(int)*Qlen);
   if(!queque)
   {
      printf("内存分配失败！\n");
      return 1;
   }
   for(int i=0;i<Qlen;i++)
      queque[i]=sno++;
   for(int i=0;i<Qlen;i++)
      printf("%6u",queque[i]);
   printf("\n\n");
   //排号高峰增加1倍的容量
   Qlen=Qlen*2;
   queque=(int*) realloc(queque,sizeof(int)*Qlen);
   for(int i=0;i<Qlen;i++)
      queque[10+i]=sno++;
```

记录程序的运行结果：

```
    for(int i=0;i<Qlen;i++)
    {
        printf("%6u",queque[i]);
        (i+1)%10==0?printf("\n"):0;
    }
    free(queque);
    return 0;
}
```

（1）程序中用常规方式定义了数组吗？那程序中使用了数组吗？它是怎样定义的？写出相关语句并分析它完成的工作？依照此法定义能容纳1000个float型数的数组pvol。

______________________________

（2）试一试，把访问queue引用的内存空间改为指针方式，写出相关代码。

______________________________

（3）分析程序代码，函数malloc()分配内存失败返回的是什么？分配成功返回的又是什么？在本程序中为何在malloc()前置了强制类型转换运算符(int*)?

______________________________

（4）在程序中找到扩展数组容量的语句，记录下来并观察它工作时需要给它提供的参数及作用。为数组重新分配了内存空间后，原来的数据还在吗？根据程序运行结果分析再分配函数realloc()的工作过程。

______________________________

（5）试一试，把数组queue的容量减少为当前的四分之一。写出相关的程序代码并上机验证。

______________________________

（6）把queque=(int*) malloc(sizeof(int)*Qlen);改为queque=(int*) calloc(Qlen,sizeof(int));后程序运行受影响吗？试一试，然后比较二者使用上的异同。

______________________________

（7）如果给函数realloc()的第1个参数是NULL或者是一个不指向曾经由函数malloc()或calloc()分配的内存，会出现什么情况呢？请自行设计程序代码并进行测试。

______________________________

## 日积月累

C YUYAN CHENGXU SHEJI JICHU RIJIYUELEI

- 可变长度数组有两种实现方式，一是在程序运行时指定数组长度，一旦确定，在本次运行中数组长度不可改变，但在下次运行又可以指定需要的长度；二是数组的长度完全由程序员根据需要动态调整。
- C语言为实现动态管理内存空间分配，在头文件stdlib.h中声明了实现动态内存分配的函数malloc()、calloc()和realloc()以及释放由它们分配的内存空间的free()函数。
- malloc()、calloc()和realloc()成功分配内存空间后返回的是指向这块内存的起始单元的指针，类型为void*。void*指针可以引用任意类型的数据，但却不能对void*指针解引用，因此必须把void*转换为要存储的目标数据类型的指针。如果分配失败则返回NULL。NULL其值为0，表示不引用任何内存单元，称为空指针。
- malloc()函数接收要分配内存空间的字节数为参数；calloc()函数的第1个参数是要存储数据的个数，第2个参数是该数据类型的大小；realloc()用于调整前两个函数分配的内存空间大小，第1个参数就是malloc()或calloc()返回的指针，第2个参数则指重新分配内存空间的字节数。

## 眼下留神

C YUYAN CHENGXU SHEJI JICHU YANXIA LIUSHEN

- 在malloc()和realloc()都是直接指定要分配内存的字节数，内存的字节数一定是要存储数据类型字节数的倍数。建议以sizeof(<类型>)*<数据个数>形式来指定待分配的内存大小，可提升代码的可读性。
- 建议使用calloc()替代malloc()来分配内存，如用calloc(1000，sizeof(float))替换malloc(sizeof(float)*1000)能进一步提高代码的可读性。
- 对再分配函数realloc()，如果第1个参数是NULL，其功能与malloc()相同；如第1参数不是指向由malloc()、calloc()、realloc()分配的内存，则将导致未知的结果。
- 函数free()的参数是指向由malloc()、calloc()、realloc()分配内存的指针，用于释放指定的内存。注意同一内存不能多次释放，否则会导致不确定的结果。释放内存后，把相应的指针置为空。如free(pvol);pvol=NULL;，防止再次使用该指针。

NO.4 [ 任务四 ]

# 使用数组处理数据

数组在数据处理、数据分析、数据应用方面使用广泛，同时数组还是实现排序、查找算法的基础数据结构，因此数组可用于多种问题的解决。

1.在竞赛评分中常采用去除最高分和最低分，然后求平均分方式为选手评分。阅读下面的程序并进行测试，然后回答后面提出的问题。

```
/*p3.1.8 - -竞赛评分程序  */
#include <stdio.h>
#define JCN 8
int main(void)
{
   float sco[JCN];
   float ssm,hs,ls,rs;
   for(int i=0;i<JCN;i++)
      scanf("%f",&sco[i]);
   for(int i=0;i<JCN;i++)
      printf("%.1f   ",sco[i]);
   ssm=hs=ls=sco[0];
   for(int i=1;i<JCN;i++)
   {
      ssm+=sco[i];
      if(hs<sco[i])
         hs=sco[i];
      if(ls>sco[i])
         ls=sco[i];
   }
   rs=(ssm-hs-ls)/(JCN-2);
   printf("\nDrop %.1f and %.1f\n",hs,ls);
   printf("The result is %.2f\n",rs);
   return 0;
}
```

记录程序的运行结果：

（1）请设计几组数据测试程序，描述程序的3处输出的作用。

______

（2）分析程序说出变量 ssm、hs、ls、rs存储的数，并解释 ssm=hs=ls=sco[0];的作用。

______

（3）程序中第3个for语句完成了什么功能？为什么其中的循环控制变量i的初始值是1，可以设置为0吗？

______

2.在分类计数问题中，使用数组会使程序变量更简洁。有6个小组参加测试，现要统计每个小组通过测试的合格人数，成绩在60分以上为合格，输入学员的组号和测试分数，输入−1时表示输入结束。分析下面程序，完成后面的要求。

```
/*p3.1.8 - -统计计数    */
#include <stdio.h>
#define GCN 6
int main(void)
{
   float sc;
   int psn[GCN+1]={0},gn=0;
   printf("输入组号和分数：\n");
   while(1)
   {
      scanf("%d %f",&gn,&sc);
      if(gn==-1 || sc==-1)
         break;
      if(sc>=60)
         psn[gn]++;
   }
   for(int i=1;i<GCN+1;i++)
      printf("Group %d    Pass:%d\n",i,psn[i]);
   return 0;
}
```

记录程序的运行结果：

（1）本程序在设计时使用什么来记录每个学习小组的合格人数的？把什么作为小组的组号？为适应人的习惯在定义时应做什么处理？

______________________________

（2）试一试，在不增加变量的前提下，你能统计出参加测试学员的总人数吗？

______________________________

（3）在程序中没有检测小组号gn是否有效，如果输入的gn超过预定的小组数GCN会发生什么？请修改代码对gn实施有效性检查。

______________________________

3.销售主管提供了3个销售团队一年每月的销售量记录表，需要统计每个团队一年的销售总量和部门每个月的平均销量。请阅读分析下面程序，然后回答后面提出的问题。

```
/*p3.1.9 --分类分时统计      */
#include <stdio.h>
#define TCN 3
#define MCN 4
int main(void)
{
  float sails[TCN+1][MCN+1]={0.0};
  printf("按月录入每个团队的销量：\n");
  for(int t=1;t<TCN+1;t++)
    for(int m=1;m<MCN+1;m++)
      scanf("%f",&sails[t][m]);
  for(int t=1;t<TCN+1;t++)
    for(int m=1;m<MCN+1;m++)
    {
      sails[t][0]+=sails[t][m];
      sails[0][m]+=sails[t][m];
    }
  printf("每个团队的年销售总量：\n");
  for(int t=1;t<TCN+1;t++ )
    printf("team%d:%.2f\n",t,sails[t][0]);
  printf("部门每月的平均销售量：\n");
  for(int m=1;m<MCN+1;m++ )
```

记录程序的运行结果：

```
        printf("%2d:     %.2f\n",m,sails[0][m]/MCN);
    return 0;
}
```

（1）在本问题的解决过程中，是利用什么来存储每个团队每年的销售总量和每月部门的销售量？这种设计有何好处？

______________________________

（2）描述程序中第2个for语句的功能。

______________________________

## 眼下留神

C YUYAN CHENGXU SHEJI JICHU YANXIA LIUSHEN

- 在数据统计问题中，要注意对相关的量进行正确初始化。保存总和的变量赋初值0，原则上保存最大值和最小值变量的初值可设置为这组中任何一个元素，但建议将其设置为这组数的第一个数。
- 为适应人的习惯，你可以把0号元素单独空出来不用或作其他用途，从1号元素开始存储数据，这可以让第几个数和它的索引号一致。
- 在分类统计中，把数组的索引号用于表示类别，会使问题的解决变量更简洁。

4.在处理一组有序数据时，你会发现这比处理同样一组无序数效率要高得多。如一次有上千万人参加考试的总成绩，要求按每10分为一分段统计人数，如果这些数已经按分数多少呈有序排列，这项工作就可在极短时间内完成。下面程序将实现对一组数按从大到小执行排序操作，请阅读程序并完成后面提出的要求。

```
/*p3.1.11 – –冒泡排序   */
#include <stdio.h>
#define CNT 7
int main(void)
{
    int dsa[CNT]={23,76,19,37,85,92,48};
    int t=0;
    printf("排序前：\n");
    for(int i=0;i<CNT;i++)
        printf("%3d",dsa[i]);
```

记录程序的运行结果：

```
    for(int i=1;i<CNT;i++)
        for(int j=0;j<CNT-1;j++)
            if( dsa[j]<dsa[j+1] )
            {
                t=dsa[j];
                dsa[j]=dsa[j+1];
                dsa[j+1]=t;
            }
    printf("\n排序后：\n");
    for(int i=0;i<CNT;i++)
        printf("%3d",dsa[i]);
    return 0;
}
```

（1）数据排序类型分为升序和降序两种，你能说出什么是升序，什么是降序吗?

______________________________________________

（2）分析第2个for语句的执行过程，并用“方格图”展示外循环每一次循环后数组中的数据状态。

| 23 | 76 | 19 | 37 | 85 | 92 | 48 |
|---|---|---|---|---|---|---|

______________________________________________

（3）本程序排序算法的思路是什么？在用双重循环实现该算法时，应怎样确定内外循环变量的初值和终值?

______________________________________________

（4）试一试，修改程序代码使程序能升序排序数组。

______________________________________________

## 日积月累

C YUYAN CHENGXU SHEJI JICHU RIJIYUELEI

● 排序是数据处理中很重要的基础操作，一组排列有序的数总会降低处理的复杂性并能提高执行的效率。常见的排序算法有：选择排序、冒泡排序、插入排序、快速排序和桶排序等。

● 数据按从小到大顺序排列称为升序（ascending order），而数据按从大到小顺序排列称为降序（descending order）。

- 选择排序算法思路最简单，以升序为例，首先在这组数中找到最小数，然后与头数交换位置，接下来在余下的数中找最小数与余下数的头数交换，依次类推即能完成一组数的排序处理。
- 冒泡排序的思路是依次比较相邻两个数的大小，如果不满足顺序要求就交换两数位置，每趟结束时最后位置的数就是排序后的最终位置，然后又从头开始重复操作，不过每次重复不要包含已排好的数据。
- 插入排序的算法思路是假设第一个数处于排好序的状态，如第二个数和它不符合排序要求，则把第一个数后移，把第二个数插入到第一个数的位置，这就排好两个数，依次后移待排数在前方排好的数中找到正确位置，从正确位置开始的数后移一位，把待排数插入到移开的位置上，依次类推完成排序。
- 快速排序是冒泡排序的升级版，基本思路是在一组数中指定一个参照数（一般为第一个数），然后把比参照数小的数排左边，比参照数大的排右边，完成后参照数把数组分成左右两个子数组，对子数组采用相同的方法，即可完成整个数组的排序。
- 桶排序的基本思路是把数组元素的索引号视为待排序的数，该数组初化为0，待排序的数作为索引号的元素自增1。处理完毕后，输出数组元素不为0的索引号就是排好序的数列。这种方法仅适用于整数排序且存储空间浪费大。

5.查找是数据应用中最常见的操作，在一组有序数上执行折半查找有很高的查找效率。阅读下面的程序并上机实践，然后回答后面提出的问题。

| 程序 | 记录程序的运行结果： |
|---|---|

```
/*p3.1.12 --折半查找 */
#include <stdio.h>
#define CNT 7
int main(void)
{
   int dsa[CNT]={19, 23, 37, 48, 76, 85, 92};
   int fp,bp,mp;
   int x;
   printf("输入要查找的数：");
   scanf("%d",&x);
   fp=0;bp=CNT-1;
   while(fp<=bp)
   {
      mp=(fp+bp)/2;
      if(x==dsa[mp])
         break;
```

```
        else if(x<dsa[mp])
          bp=mp-1;
        else
          fp=mp+1;
    }
    if(fp<=bp)
        printf("%d is at %d \n",x,mp);
    else
        printf("No found!");
    return 0;
}
```

（1）设计几个要查找的数，测试程序是否能正确完成查找操作?

______

（2）查找时分别输入85和11，记录变量fp、bp和mp值的变化，并在下面的“方格”图上标注，然后描述它们所起的作用。

| 19 | 23 | 37 | 48 | 76 | 85 | 92 |
|---|---|---|---|---|---|---|

______

（3）如果数据是降序排列的，要怎样修改程序才能实现查找?

______

## 眼下留神

C YUYAN CHENGXU SHEJI JICHU
YANXIA LIUSHEN

- 查找是数据应用中的基本操作，查找算法常用的有顺序查找和折半查找（又称为二分查找），顺序查找适用于无序数列，折半查找则要求被查数列有序。
- 折半查找算法实现的关键是设置每次比较区域的起始位置、结束位置和计算它们的中间位置。比较区域起始位置、结束位置的设置与数据排列的顺序相关。

[ 任务五 ]

NO.5

# 处理字符串

C语言标准没有定义字符串类型和操作字符串的运行符，而是使用字符型数组来存储和处理字符串。在实际应用中，字符数据的处理是数据处理流程中不可或缺的一部分，尤其在处理网页文档、电子邮件、社交内容时字符处理的比重很高。而在自然语言处理（NLP）、信息检索、关系网络分析等领域，字符数据处理是核心任务之一。随着大数据和人工智能技术的不断发展，字符数据的价值逐渐凸显，字符数据处理的重要性也日益增加。

1.字符串的输入、存储、输出是字符串的基本操作。阅读下面的程序去发现输入、输出字符串的方法，然后回答后面提出的问题。

```
/*p3.1.13 --输入输出字符串 */
#include <stdio.h>
#define LEN 10
int main(void)
{
    char bstr[LEN],estr[LEN],ch;
    scanf("%s",bstr);
    printf("%s\n",bstr);
    gets(estr);
    puts(estr);
    scanf("%[abcdef]%[0-9]",bstr,estr);
    printf("%s\n%s\n",bstr,estr);
    return 0;
}
```

记录程序的运行结果：

（1）运行程序，输入下面两行格式的文字，观察程序的输出，归纳输入字符串的方式方法?

Languages are tools

accede1999

______

（2）说出语句scanf("%s",bstr);与gets(bstr);在输入字符串时有什么区别?

______________________________

（3）试一试，%s和%[]在转换输入字符序列为字符串时有什么不同?

______________________________

（4）语句printf("%s",bstr);和puts(bst);在输出字符串时有哪些区别?

______________________________

**眼下留神** C YUYAN CHENGXU SHEJI JICHU YANXIA LIUSHEN 

- 在scanf()函数中可使用%s或%[]来转换输入字符串。%s把输入序列中第1个非空白字符开始到下一个空白字符之前的字符序列转换为字符串；%[]把输入序列与[]列出的字符连续匹配的字符序列转换为字符串。
- 函数gets()读取输入的一行字符序列为字符串，不忽略序列中的空白字符，直至遇到换行符为止。如果前面scanf()使用%s输入，而后用gets()输入，由于%s不会读取换行符，换行符还留在输入缓冲区中，如果没有清空缓冲区，gets()将读取缓冲区中剩余的字符，从而导致错误输入。
- 如果需要清空输入缓冲区可参考使用rewind(stdin);、scanf("%*[^\n]%*c");或while(getchar()!='\n');这3个语句之一。C11标准开始不支持fflush(stdin);清空键盘输入缓冲区。
- %[]方括号中的字符以列举的方式给出。对于字符表中连续字符可以用连字符连接首尾字符的格式指定，如0-9，a-z，A-Z等。如果给出的第1个字符是^则表示输入序列与其后不匹配的字符才转换成字符串，如%[^0-9]表示数字是非法字符。
- printf("%s",bstr);输出字符串是遇到空字符（'\0'）停止输出且不自动换行，而函数puts(bstr);是在一行上输出字符串，即输出后要自动换行符。

2.C语言使用字符数组来存储字符串，如果在字符串处理中没有一种机制来检查字符数组索引号是否超过合法范围，这将有可能引起程序异常。阅读分析下面的程序，按要求进行相应测试，然后回答提出的问题。

| 程序 | 记录程序的运行结果： |
|---|---|
| <pre>/*p3.1.14 - - 安全输入、输出字符串 */<br>#include <stdio.h><br>#define LEN 10<br>int main(void)<br>{<br>    char sstr[LEN];</pre> | |

```
    int amt=60000,yes=0;
    yes=scanf("%s",sstr);
    if(yes<1)
    {
        printf("Reading failure!\n");
        return 1;
    }
    printf("%s",sstr);
    printf("\namt=%d\n",amt);
    return 0;
}
```

（1）程序中定义了长度为10的字符数组sstr和int型变量amt。分次运行程序输入standard、longlongdouble，记录程序输出结果，你发现了什么？

______________________________

（2）把yes=scanf("%s",sstr);语句修改为yes=scanf_s("%s",sstr,sizeof(sstr));后按（1）的方法运行测试程序，程序的输出结果说明了什么？然后把其中的if语句注释掉，再运行程序，这时amt的值有被破坏吗？

______________________________

（3）把yes=scanf_s("%s",sstr,sizeof(sstr));语句换成gets(sstr);语句测试，结果怎样？然后换成gets_s(sstr,sizeof(sstr);再测试结果又是什么情况呢？

______________________________

（4）通过上面的测试你认为scanf()和gets()函数在输入字符串时安全吗？请给出输入字符串的安全措施。

______________________________

## 眼下留神

C YUYAN CHENGXU SHEJI JICHU
YANXIA LIUSHEN

- scanf()和gets()函数在输入字符串时没有对接收字符串的数组进行长度检查，当出现字符数组空间不能容纳输入的字符时，将占用字符数组后面的存储单元，如果这些单元已分配给了其他变量，则将破坏这些变量中的数据。
- scanf_s()和gets_s()函数是scanf()和gets()函数的安全版本。使用它们（scanf_s()函数用%s和%[]）输入字符串时，除要提供接收字符串的地址外，还要指定接收字符串的最大长度，它们实际接收的最多字符数为指定的最大长度-1。
- 在使用scanf_s()和gets_s()函数时，如果输入的字符数超过指定的长度，则不实际输入，防止破坏其他变量中的数据。

3.求字符串长度，统计字符串中指定字符个数，把字母改成大写或小写等是字符串的基本操作。分析下面的程序运行结果并上机验证，回答后面提出的问题。

```
/*p3.1.15 --字符串字符数统计  */
#include <stdio.h>
#define LEN 100
int main(void)
{
    char str[LEN]="Rw32p$9k03M";
    int clen=0; dcn=0; dec=0;
    for(int i=0;str[i]!='\0';i++)
        clen+=1;
    printf("Length of str:%d\n",clen);
    for(int i=0;str[i]!='\0';i++)
        if(str[i]>='0' && str[i]<='9')
        {
            dcn++;
            dec=dec*10+str[i]-'0';
        }
    printf("Count of number:%d\n",dcn);
    printf("All number to Integer:%d\n",dec);
    return 0;
}
```

记录程序的运行结果：

（1）分析程序代码的执行过程，写出程序运行结果，描述变量clen、dcn、dec存储的结果是什么？然后说明两个for语句实现的功能。

______________________________

（2）如果要统计字符串中字母有多少个，应该如何修改程序代码？

______________________________

（3）程序中字符数组的初始化使用了字符串字面量，如果采用初值列表来初始化应该怎样修改程序？试比较两种初始化字符数组方式的区别。你认为字符数组就是字符串的说法对吗？为什么？

______________________________

（4）如果要统计现场输入的字符串长度，请写出合理地输入字符串的语句。

______________________________

4.一篇文章用了多少个单词，有没有达到规定的字数，自动检测单词数可提高审阅者的工作效率。假定文稿中单词之间由一个或多个空格分隔，阅读下面的程序，然后完成后面提出的要求。

```
/*p3.1.16 – –统计单词数  */
#include <stdio.h>
#define ACC 2000
int main(void)
{
    char atl[ACC]="";
    int wn=0;
    char flag=' ';
    gets_s(atl,sizeof(atl));
    for(int i=0;atl[i]!='\0';i++)
        if(flag==' '&& atl[i]!=' ')
        {
            wn++;
            flag=atl[i];
        }
        else
            flag=atl[i];
    printf("The total of words:%d\n",wn);
    return 0;
}
```

记录程序的运行结果：

（1）请输入一段英文测试程序的工作过程，把输入的句子记录下来，分析统计单词数的算法思路。

______________________________

（2）在程序中添加检测输入是否有效的能力，为用户提供程序的友好性。写下你的检测代码。

______________________________

（3）试一试，你能把每个单词的首字母都转换成大写字母吗?

______________________________

**眼下留神** C YUYAN CHENGXU SHEJI JICHU YANXIA LIUSHEN

- 字符数组用于存储和处理字符串，但不等于说字符数组就是字符串。存储了字符串的字符数组可称作字符串，其元素中一定存储有空字符（'\0'）。
- 字符数组的初始化可以像整型、浮点型数组一样使用初始列表，如果是用于处理字符串，一定要记住初值列表的最后一个字符必须是空字符。使用字符串字面量初始化更简洁、易用。
- 把字符数组当成字符串对待时，空字符后的字符将被忽略。建议定义字符数组时，如果没有明确的字符串，则先使用空字符串（""）初始化。
- 指定字符数组长度时，一定要保证数组长度要比存储的字符串长度多1字节。

5.人事部主管拿到一份应聘人员名单，录入时有些人的姓名首字母没有大写，现在需要把这些姓名字符串中的首字母改成大写形式。分析下面的程序，然后回答后面提出的问题。

```
/*p3.1.17 － －处理字符串数组 */
#include <stdio.h>
#include <ctype.h>
int main(void)
{
   char namelst[][20]={"brian","horst","Rex",
            "jenny","debbie","hawkins",
            "susan","Donald","gunter",
            ""
   };
   for(int i=0;*namelst[i]!='\0';i++)
      puts(namelst[i]);
   for(int i=0;*namelst[i]!='\0';i++)
      if(islower(namelst[i][0]))
        namelst[i][0]=(char)(toupper(namelst[i][0]));
   printf("------------------\n");
   for(int i=0;*namelst[i]!='\0';i++)
      puts(namelst[i]);
   return 0;
}
```

记录程序的运行结果：

（1）程序中的namelst是什么数组？在定义时省略了第1维的长度，你知道在程序中它的第1维长度是多少？第2维长度也能省略吗？试一试。

______

（2）在初始化时，数组namelst最后一个元素为空字符串（""），你知道这样初始化的作用吗？能说出for语句的循环条件*namelst[i]!='\0'检查的是什么吗？

______

（3）C语言标准在头文件ctype.h里声明字符分类测试函数，如判定字母大小写、是否为数字、空白字符等的判定函数和大小写转换函数。结合程序运行结果描述islower()和toupper()函数的功能。

______

（4）如果把namelst视为一维数组，它的元素类型是什么？可以用与数组元素同类型的指针变量来操作数组元素，char*类型的指针可以操作字符数组，那么，可以把namelst定义为char*类型的一维数组（char* namelst[]={…};）来实现本问题解决吗？试一试。

______

6.在数据分析处理中，经常需要把以文字形式提供的数据转换成数值数据形式，然后才进行下一步的数据运算处理。分析并测试下面程序如何实现把数字串形式的数据转换成对应的数值，然后回答后面提出的问题。

```
/*p3.1.18 – –处理字符串数组   */
#include <stdio.h>
#include <ctype.h>
#define DPC 20
int main(void)
{
   char dstr[DPC]="";
   double dx=0.0,fx=0.0;
   double pw=10;
   int  isdot=0;
   scanf_s("%s",dstr,sizeof(dstr));
   for(int i=0;dstr[i]!='\0';i++)
   {
      if(isdigit(dstr[i]))
      {
         if(isdot==1)
```

记录程序的运行结果：

```
            {
              fx=fx+(dstr[i]-'0')/pw;
              pw*=10;
              continue;
            }
            dx=dx*10+(dstr[i]-'0');
        }
        else if(dstr[i]=='.' && isdot!=1)
            isdot=1;
        else
            break;
    }
    dx=dx+fx;
    printf("The result is %f",dx);
    return 0;
}
```

（1）运行程序参考下列输入，测试程序功能并记录相应的输出结果。

31.538　　.35　　up109　　71.4528kg　　239834...721

______________________________

（2）根据程序结果，请描述变量dx、fx、pw、isdot的功能是什么？

______________________________

（3）你能解释dstr[i]=='.' && isdot!=1表达式为什么要这样构建呢？它解决了什么问题？

______________________________

（4）本程序在实现时有没有考虑数字串前置有正负号的情况？请修改程序代码完善程序的功能。

______________________________

## 眼下留神

C YUYAN CHENGXU SHEJI JICHU
YANXIA LIUSHEN

● 要处理一组字符串时，需要使用二维字符数组。在定义时，如果用确定的字符串进行初始化，则可以省略第1维长度。

● char*指针变量可以访问、处理字符串。如果用字符串字面量初始化char*指针，则通过指针只能读取字符串中的字符，而不能修改，因为字符串字面量存储编译器管理的是只读内存区域。如char* ps="don’t change";，执行*(ps+1)='0'是禁止的。

●C语言标准在stdlib.h头文件中声明了一些字符串转换为数值数据的函数，供用户使用。如atoi()、atol()、atoll和atof()分别把字符串转换成int、long、long long和float型的数值数据。

●C语言标准没有定义字符串类型和字符串运算符，自然也没有字符串变量，字符串的操作是通过标准库来完成的。在头文件string.h中声明了处理字符串的库函数，常用字符串处理函数见下表。

| 字符串函数 | 函数说明 |
|---|---|
| strlen(<str>) | 返回字符串的长度 |
| strcpy(<str1>,<str2>) | 把str2复制到str1，返回str1的地址 |
| strcat(<str1>,<str2>) | 把str2追加到str1，返回str1的地址 |
| strcmp(<str1>,<str2>) | 比较字符串大小：返回-1，str1大于str2；<br>返回0，str1等于str2；返回1，str1大于str2 |
| strchr(<str>,<ch>) | 查找字符ch在str中首次出现的位置，返回的是字符的地址（char*） |
| strstr(<str1>,<str2>) | 在str1中查找str2首次出现的位置，返回str2首字符的地址（char*） |

注意：str、str1、str2代表字符串，ch代表字符。在strcpy()和strcat()中str1必须是存储字符串的数组，这两个函数的安全版本是strcpy_s()和strcat_s()。

# ▶ 模块评价

## 实战演练

### 1.填空题

（1）数组是一组＿＿＿＿＿＿相同的＿＿＿＿＿的集合。

（2）数组名代表数组的＿＿＿＿＿＿＿＿。

（3）数组元素在数组中的位置序号被称为＿＿＿＿，它是从＿＿＿＿开始的整数。

（4）有定义int a[16]={4,6,2,12,43};，该数组元素值最大的索引号为＿＿＿＿＿。

（5）程序运行时定义存储50个double型数的数组dsc的语句是＿＿＿＿＿＿＿。

（6）定义能存储255个字符的数组msg，所有元素初始化为空字符的语句＿＿＿＿＿。

（7）数组char vowels[]="aeiou"中有＿＿＿＿＿个元素，最后一个元素是＿＿＿＿＿。

（8）字符空串""在内存中占＿＿＿＿＿个存储单元。

## 2.判断题

（1）数组在内存中占用的空间是不连续的。（　）

（2）数组索引号的取值范围从0开始到数组长度结束。（　）

（3）int ccnt[]={5,12,76,3,12,31,47};，则ccnt的长度是sizeof(ccnt)/4。（　）

（4）scanf函数输入字符串时，以空格作为结束标志。（　）

（5）使用字符串字面量给字符数组初始化时，可以省略{}。（　）

（6）函数free释放内存空间时，重复操作可使内存清除更干净。（　）

## 3.选择题

（1）下列关于数组的说法，不正确的是（　）。

A.数组作为一个整体，可以参加算术运算

B.数组中的数组元素相当于一个变量

C.数组就是一个变量

D.数组是一组连续的、类型相同的数据集合

（2）下列能正确定义数组的选项是（　）。

A.int alpha[ ];　　B.int alpha[ ][30];

C.int num[10,20];　　D.int n=100,alpha[n];

（3）下列数组的初始化不正确的是（　）。

A.char ts[5]={"abcd"};　　B.char ts[5]={'a','b','c'};

C.char ts[5]="";　　D.char ts[5]="abcd\0";

（4）为字符数组sn中的第2个元素输入数据的语句，正确的是（　）。

A.scanf("%c",sn[1]);　　B.scanf("%c",*a[1]);

C.scanf("%c",sn+1]);　　D.scanf("%c",sn(1));

## 4.阅读程序，写出程序结果

（1）

```
#include <stdio.h>
#define SIZE 10
int main(void)
{   int ntd[SIZE],i;
    for (i=0;i<SIZE ; I++)
        ntd[ SIZE - i-1] =i;
    for (i=0;i< SIZE ;i+=2)
        printf ("%3d",ntd[I]);
    return 0;
```

```
}
```

（2）

```
#include <stdio.h>
int main(void)
{    int mc[30]={12,32,45,69,76,98,21,34,45};
     int count=0,i=0;
     while(mc[i])
     {        if(mc[i]%2= =0 || mc[i]%5= =0)
              count++;
              i++;
     }
     printf("%d,%d\n",count,i);
     return 0;
}
```

（3）运行时输入“119”

```
#include <stdio.h>
#define BL 9
int main(void)
{
   typedef unsigned char byte;
   byte sec,osec,idx=BL-2;
   char bits[BL]="00000000";
   scanf("%hhu",&sec);
   osec=sec;
   while(sec)
   {
      bits[idx]=sec%2+'0';
      sec/=2;
      idx--;
   }
   puts(bits);
   return 0;
}
```

(4)

```
#include <stdio.h>
#define DN 8
int main(void)
{   int arg[DN]={1,2,4,8,16,32,64,128};
    int l,r,t;
    for(l=0,r=DN-1;l<r;l++,r--)
    {   t=arg[l];
        arg[l]=arg[r];
        arg[r]=t;
    }
    for(int i=0;i<DN;i++)
        printf("%5d",arg[i]);
    return 0;
}
```

**5.编写程序**

(1)输入一次C语言考试的学生人数和分数，输出成绩的最高分和平均成绩。

(2)把字符串"K&612ing*d6o78m199"中的字母按从左到右的顺序提取出来组成一个新字符串并输出。

(3)随意输入一行字母，确保输入的是字母，然后将其按字母表的顺序输出。

(4)输出菲波拉契数列的前20项，要求每5个数一行，数与数之间用一个空格分开。菲波拉契数列的第一、二项均为1，从第三项开始的后几项为其相邻前两项之和。

(5)输入一个整数，然后插入到一个降序排列的int型数组中，仍保持数组有序。

## 模块能力评价表

班级__________ 姓名__________ 年 月 日

| 核心能力 | 评价指标 | 自我评价（掌握程度） | |
|---|---|---|---|
| | | 基础知识 | 基本技能 |
| 定义数组 | ●能解释数组的概念及相关术语<br>●描述数组定义的一般格式<br>●描述初始化数组的方法和要求<br>●会定义可变长度数组 | ○○○○○<br>○○○○○<br>○○○○○<br>○○○○○ | ○○○○○<br>○○○○○<br>○○○○○<br>○○○○○ |
| 访问数组 | ●能描述数组元素的表示方法<br>●能说出数组名与引用数据的指针的关系<br>●会实施数组的输入、输出<br>●能使用指针变量访问数组 | ○○○○○<br>○○○○○<br>○○○○○<br>○○○○○ | ○○○○○<br>○○○○○<br>○○○○○<br>○○○○○ |
| 基于数组的数据处理 | ●能根据应用需求选用定长或变长数组<br>●能统计一组数的和、平均值、最大值及最小值<br>●能实施一组数的排序处理<br>●能在一组数中实施查找操作 | ○○○○○<br>○○○○○<br>○○○○○<br>○○○○○ | ○○○○○<br>○○○○○<br>○○○○○<br>○○○○○ |
| 处理字符串 | ●会初始化字符数组为字符串<br>●能区别字符数组与字符串<br>●能执行字符串的输入、输出操作<br>●会统计字符串长度、字符类型数、单词数等<br>●能实施数字串到数值的转换<br>●能实施十进制数到二进制数串之间的转换<br>●会使用字符串库处理字符串问题 | ○○○○○<br>○○○○○<br>○○○○○<br>○○○○○<br>○○○○○<br>○○○○○<br>○○○○○ | ○○○○○<br>○○○○○<br>○○○○○<br>○○○○○<br>○○○○○<br>○○○○○<br>○○○○○ |
| 其他 | | | |
| 综合评价： | | | |

# 模块二 / 定义结构描述复杂对象

客观世界存在的事物有着丰富多彩的特性，不可能用一个或一种类型的数据就能把它们表述清楚的。比如一个饮水杯，人们会关注它的容量、品牌、材质、功能、厂商、价格等多方面的特性，描述这些特性的数据涉及有字符型、数值型多种数据类型，用一个基本数据类型不能完成一个客观事物的数据结构和特征的描述。结构（structure）是C语言提供给程序员定义新类型的机制，它能把多种基本数据类型，包括已定义的结构组织起来描述任意复杂对象的数据结构和特征。结构增强了C语言的表达能力，是程序员的必须掌握重要工具。学习完本模块后，你将能够:

+ 实施结构的定义；
+ 定义结构变量并初始化；
+ 采用恰当的方式访问结构成员；
+ 实施基于结构的数据处理。

[ 任务一 ] NO.1

# 定义结构数据类型

结构能助力程序定义新的数据类型，从而增强代码的语义表达能力，简化程序编码的复杂性，提高程序的可读性。

1.时间是人们生活中很重要的数据，C语言并没有定义时间类型的数据。阅读分析下面的程序代码，观察如何利用结构来定义时间类型，然后回答后面提出的问题。

```
/*p3.2.1 ––定义结构型  */
struct Time{                    //方式1
    int hour;
    int minute;
    int second;
};
struct {                        //方式2
    int hour;
    int minute;
    int second;
}sleeptime;
typedef struct Time{            //方式3
    int hour;
    int minute;
    int second;
}time;
typedef struct{                 //方式4
    int hour;
    int minute;
    int second;
}time;
```

记录程序的运行结果：

（1）时间数据由哪几个数据组成？方式1是定义结构的一般方法，从方式1中你能否发现时间的3个要素是怎样组成时间类型的？这个类型的标识符是什么？

______________________________

（2）请比较方式2与方式1有什么不同？在方式2的定义中结构的名称是什么？标识符sleeptime表示的是结构名还是这个结构的一个变量？

______________________________

（3）请比较方式3与方式1它们有何不同的地方？方式3中的time是什么？

______________________________

（4）方式4与方式3是否实现了相同的功能？你愿意选择哪种方式？为什么？

______________________________

（5）仿照上面的一种方式定义日期结构类型。

______________________________

## 日积月累

C YUYAN CHENGXU SHEJI JICHU RIJIYUELEI

●结构是由多个或多种数据类型构成的新数据类型。它为程序员提供了描述复杂对象数据结构和特征的能力。

●定义结构的一般方法

```
[typedef] struct [<结构名>]{
    <类型名1>  <成员名1>;
    <类型名2>  <成员名2>;
    …          …
    <类型名n>  <成员名n>;
}[<标识符列表>];
```

●结构由若干个成员变量组成，每个成员变量描述的是对象某一方面的特征数据。

## 眼下留神

C YUYAN CHENGXU SHEJI JICHU YANXIA LIUSHEN

●定义结构时可以同时定义它的变量，变量名由右大括号（}）后的<标识符列表>定义，此时可以省略结构名，定义的结构为匿名结构。

●定义的结构类型标识符为struct <结构名>，一般通过typedef命令为定义的结构重新定义类型标识符。使用新定义的类型标识符更符合使用习惯，既可简洁代码也有利于提高可读性。

●如果在定义结构同时要用typedef重定义结构类型标识符，类型标识符由右大括号（}）后的<标识符列表>定义。

●结构的成员变量类型可以是基本数据类型，也可以是已定义的结构类型或其他类型，如结构、联合等。

2.阅读下面程序，考查编译器为结构分配内存空间的情况，然后回答后面提出的问题。

```
/*p3.2.2 – –测试结构型的长度  */
#include <stdio.h>
//#pragma pack(2)
int main(void)
{
   typedef struct Datetime{
      int year;
      int month;
      int day;
      struct{
         int hour;
         int minute;
         int second;
      }time;
   }datetime;
   struct Student{
      char name[8];
      _Bool sex;
      float height;
   };
   typedef struct Student student;
   printf("Length of datetime:%zd\n",sizeof(datetime));
   printf("Length of student:%zd\n",sizeof(student));
   return 0;
}
```

记录程序的运行结果：

（1）根据程序执行结果，你发现结构在内存中的大小是否等于各成员大小之和?

______

（2）程序代码展示了两种为结构定义类型标识符的方式。你更倾向使用哪一种?

______

（3）把表达式sizeof(student)换成sizeof(struct Student)，程序运行有变化吗? 这说明了什么?

______

**眼下留神** C YUYAN CHENGXU SHEJI JICHU YANXIA LIUSHEN

- 结构的长度指结构在内存中占用的字节数，其大小原则上等于各成员大小之和。编译器为提高内存访问速度会进行内存对齐优化，使结构长度是结构成员中最大长度的倍数，而且还与成员的先后顺序有关。
- 程序员可以使用预处理命令#gragma pack(n)设定内存对齐方式，n代表对齐的字节数，可以取1、2、4、8、16。设置较小的对齐量，可以节省内存，但可能会影响内存读写性能。建议由编译器自动决定。

NO.2 [任务二]

# 访问结构数据对象

结构数据对象由多个数据组成，结构不能像基本类型变量那样执行读写操作。访问结构数据对象需要采取结构变量名和结构成员变量名相结合的方式来完成。

```
/*p3.2.3 ––访问结构成员  */
#include <stdio.h>
int main(void)
{
   typedef struct Time{
      int hour;
      int minute;
      int second;
   }time;
   time mct={8,20,00},nct;
   time act,*pact=&act;
   nct=mct;
   scanf("%d:%d:%d",&act.hour,&act.minute,&act.second);
   printf("%02d:%02d:%02d\n",mct.hour,mct.minute,mct.second);
   printf("%02d:%02d:%02d\n\n",nct.hour,nct.minute,nct.second);
   printf("%02d:%02d:%02d\n",act.hour,act.minute,act.second);
   if(act.hour>12)
```

记录程序的运行结果：

```
        act.hour=act.hour%12;
        printf("%02d:%02d:%02d\n",pact->hour,pact->minute,
                                  pact->second);
    return 0;
}
```

（1）请描述在程序代码中是怎样定义结构类型的变量以及初始化的？试一试，把初值列表改成{second:00,minute:30,hour:8}或{.second=0,.minute=20,.hour=8}后重新运行程序，根据运行结果，你认为在初始化时必须按定义时成员变量的顺序提供初值吗？

______________________________

（2）把time act,*pact=&act;语句改成struct Time act,*pact=&act;运行程序，从执行结果来看说明了什么？

______________________________

（3）请归纳程序中访问结构成员的方法。

______________________________

（4）类型相同的结构变量之间是否能直接赋值操作？

______________________________

（5）程序执行时，输入17点25分59秒的正确输入格式是什么？请分析格式控制串"%02d:%02d:%02d\n"定义了什么样的输出效果？

______________________________

（6）你认为基本类型的成员变量与一般的基本类型变量在操作上有什么不同？

______________________________

（7）你能说出数组与结构的异同吗？可以从名称含义、成员组成、访问方式等方面来说。

______________________________

**眼下留神** C YUYAN CHENGXU SHEJI JICHU YANXIA LIUSHEN

●结构类型变量的定义与基本类型变量定义相似，一般方法为：

struct <结构名> <变量名>[={[<成员名>:]<值> [,…]}] [,…];

●定义结构变量时，可以给其成员提供初值，当省略成员名时，初值的类型和顺序要与成员定义时的顺序一致，未提供初值的成员自动初始化为零值。

●访问结构成员的方法有两种，一是使用结构变量，二是使用结构指针。它们的一般格式为：<结构变量名>.<结构成员名>，<结构指针> -> <结构成员名>。

- 类型相同的结构变量之间可以直接赋值。结构变量的输入、输出和其他运算都是针对其成员执行操作。
- 结构变量与数组都属于复合数据对象，它们都由若干个数据组成，组成数组的数据类型相同，而结构变量的数据类型可以不同。结构变量和数组都使用初始列表执行成员或元素的初始化。
- 定义的数组本身就是数据对象，编译器直接为数组分配内存空间。定义的结构是一种数据类型，当定义结构变量时，编译器为结构变量分配内存空间。

NO.3

[ 任务三 ]

# 使用结构处理数据

在C语言中，结构是分析处理复杂数据必不可少的工具，同时它也是各种算法所依赖的数据结构的基本要素。

1.分析表格中的数据是数据处理中的常见工作。下面程序展示如何输出一次测验中学员语文（chs）、数学（mth）和英语（eng）三科的成绩及总分和平均分。阅读分析程序代码，回答后面提出的问题。

```
/*p3.2.4 – –统计输出数据表格   */
#include <stdio.h>
#define CN 5
int main(void)
{
    typedef struct Sctable{
        char name[8];
        float chs,mth,eng;
    }sctable;
    sctable cls[CN];
    float sum=0.0,avg=0.0;
    for(int i=0;i<CN;i++)
    {
      scanf_s("%s",cls[i].name,sizeof(cls[i].name));
      scanf_s("%f %f %f",&cls[i].chs,&cls[i].mth,&cls[i].eng);
    }
```

记录程序的运行结果：

```
    printf("%8s%8s%8s%8s%8s%8s\n","姓名","语文","数学",
                                        "英语","总分","平均");
    for(int i=0;i<CN;i++)
    {
      sum=cls[i].chs+cls[i].mth+cls[i].eng;
      avg=sum/3;
      printf("%8s",cls[i].name);
      printf("%8.2f%8.2f%8.2f",cls[i].chs,cls[i].mth,cls[i].eng);
      printf("%8.2f%8.2f\n",sum,avg);
    }
    return 0;
}
```

（1）设计一组学员测试数据，体验程序的执行过程，然后描述程序实现的功能。

______________________________

（2）语句sctable cls[CN];定义了什么?

______________________________

（3）第1个for语句完成什么功能？它执行时，你认为该如何使输入简明直观?

______________________________

（4）第2个for语句实现的是什么功能？输出时是怎样实现数据对齐的?

______________________________

（5）请编写程序代码统计输出各学科的平均分。

______________________________

2.在生活中经常要排队办事，现在排队只需要到排队取号机上取顺序号，然后等待叫号。排队算法需要的数据结构称为队列，它的特性就是先来先服务。从数据操作角度看就是先进先出（FIFO），数据从队列的尾部进入，然后从队列首取出。下面程序模拟了排队过程，并显示了队列情况，阅读程序并完成后面提出的要求。

```
/*p3.2.5 – –模拟排队  */
#include <stdio.h>
#include <stdlib.h>
#define ECN 5
int main(void)
{
  struct DNode{
```

记录程序的运行结果：

```
        int value;
        struct DNode *nxt;
    };
    typedef struct DNode dnode;
    dnode *phead,*pcur,*pnd;
    pcur=phead=NULL;
    int v;
    for(int i=0;i<ECN;i++)
    {
        scanf("%d",&v);
        pnd=(dnode*)malloc(sizeof(dnode));
        pnd->value=v;
        pnd->nxt=NULL;
        if(phead==NULL)
            phead=pnd;
        else
            pcur->nxt=pnd;
       pcur=pnd;
    }
    pcur=phead;
    while(pcur!=NULL)
    {
        phead=phead->nxt;
        printf("%5d",pcur->value);
        free(pcur);
        pcur=phead;
    }
    return 0;
}
```

（1）编译运行程序，随意输入5个整数，也可修改#define ECN 5确定要输入数据的个数，观察程序的运行结果，描述程序实现的功能。

______________________________________________

（2）你发现结构DNode的定义与之前的结构定义有何不同的地方？这种情况下结构名能省略吗？

______________________________________________

（3）程序中谁代表了队列？队列的元素是什么数据？画出队列元素的结构图。

______________________________

（4）分析程序中for语句的工作过程和实现的功能？队列是以什么方式建立起来的？画出队列生成的过程示意图。

______________________________

（5）程序中phead、pcur和pnd 3个变量各有什么作用？

______________________________

（6）请分析程序中while语句的执行过程，它实现的功能是什么？

______________________________

（7）模拟排队程序中使用的是同类型的数据，你认为可以用数组来实现队列的操作吗？试一试，与本程序的实现有什么不同？

______________________________

（8）使用本程序定义的结构可以高效地实现数据插入排序操作，试一试。

______________________________

**眼下留神** C YUYAN CHENGXU SHEJI JICHU YANXIA LIUSHEN

- 结构类型定义后，就可以像基本类型那样用于定义需要的变量、数组以及它的指针变量。
- 在结构中能定义引用结构对象自身的指针变量成员（参见p3.2.5中结构DNode的定义，注意不能省略结构名），这种机制为构造算法所需要的数据结构提供了灵活的方法。
- 设计算法的数据结构时，大多数情况需要包含引用结构自身的指针成员的结构类型的数据对象，为方便描述称为数据节点（data node）。节点之间通过指针成员相互引用可以构造链表（chain）、树（tree）、图（graph）等数据结构。
- 队列（queue）是一种支持先进先出（FIFO）的基础数据结构，数据总是从队列的尾部进入，从队列首部取出。队列可以用链表或数组来实现，但用链表实现时，操作的时间开销很小，因为它不需要使用数组时的元素移动操作。
- 栈（stack）是另一个常用数据结构，它支持先进后出（FILO）。数据元素的进出操作都只能在栈顶执行。数组和链表都可以实现栈的功能。

3.在网络通信和嵌入式应用中，有不少控制数据只需要几个二进制位就可以表示，为减少无用数据位的传输和存储，采取的策略是把多个控制数据组合成一个或几个字节的数据，然后就可以用一个C语言的整数表示它。C语言结构的位字段机制就是为这类应用准备的。在IP数据包中有1个服务类型字段，它只占1个字节，其中优先级占3位，延迟、吞吐量、可靠性和成本各占1位、余下1位保留未用。分析下面的程序，如何实现用1个字节来表示这5种网络控制数据的，然后回答后面提出的问题。

```
/*P3.2.6 – –实现位字段*/
#include <stdio.h>
int main(void)
{
    typedef unsigned char Ubyte;
    struct Service{
        Ubyte  priority   :3;
        Ubyte  delay      :1;
        Ubyte  through    :1;
        Ubyte  reliablity :1;
        Ubyte  cost       :1;
        Ubyte  reserve    :1;
    };
    struct Service trstype={1};
    printf("%hhu\n",trstype.priority);
    printf("%hhu\n",trstype.cost);
    printf("%zd\n",sizeof(trstype));
    return 0;
}
```

记录程序的运行结果：

（1）程序中结构Service的成员定义与之前的有何不同？每个成员所占存储空间以什么为单位？Service结构的变量在内存中占多少字节？

______

（2）执行struct Service trstype={1};语句对结构trstype的成员初始化结果是什么？

______

（3）位字段结构成员的访问操作与之前的结构成员访问方法有什么不同吗？

______

## 眼下留神

C YUYAN CHENGXU SHEJI JICHU

YANXIA LIUSHEN

- 位字段是整数中一个或相邻的多个位。定义位字段成员时只需要在成员名后指定该成员要分配的存储位数，并以冒号分隔，位字段通常是无符号整数类型。
- 使用位字段的目的是节省内存开销，主要用于网络通信或嵌入式应用中，并不适用于一般的应用程序开发。
- 位字段成员和通常的结构成员在访问方式上并无区别。在给位字段赋值时，建议按实际情况提供数据，如果超过它的存储范围，它从所给值的最低位开始取位字段成员需要的位组成的值。

# ▶ 模块评价

## 实战演练

### 1.填空题

（1）定义结构的关键字是____________，定义的结构是____________。

（2）有名为MPhone的结构，则结构类型是________________________。

（3）结构是由____________________________________组成的新数据类型。

（4）访问结构成员的限定运算符有____________和____________。

（5）把结构Cup定义为结构类型cup的语句是________________________。

### 2.判断题

（1）结构是一种复合数据类型，它由若干成员数据对象组成。 （ ）

（2）结构类型的长度一定等于各成员长度之和。 （ ）

（3）结构成员的类型必须相同。 （ ）

（4）定义结构时，总是可以省略结构名。 （ ）

（5）定义结构的同时可以定义它的变量，但不能对变量初始化。 （ ）

### 3.选择题

（1）下面结构类型phone定义正确的是（ ）。

A.struct phone
```
{ char make[50];
  double price;
}
```
B.struct
```
{ char make[50];
  double price;
}phone ;
```
C.struct phone
```
{ char make[50];
  double price;
};
```
D.struct phone
```
{ char make[50];
  double price
};
```

（2）有一个定义好的结构Sports，则以下定义结构变量不正确的是（ ）。

A.Sports running;

B.struct Sports running

C.typedef Sports running

D.Sports struct running

### 4.编写程序

（1）收集5款移动电话的品牌、型号、内存、辅存和价格数据，并以表格形式输出它们的信息。

（2）在一组升序排列的数中（13,39,51,69,83,91）插入一个整数，使这列仍保持有序。

## 模块能力评价表

班级________________ 姓名____________ 年 月 日

| 核心能力 | 评价指标 | 自我评价（掌握程度） | |
|---|---|---|---|
| | | 基础知识 | 基本技能 |
| 定义结构 | ●能解释结构的概念及相关术语<br>●描述结构定义的一般格式<br>●会重定义结构类型标识 | ○○○○○<br>○○○○○<br>○○○○○ | ○○○○○<br>○○○○○<br>○○○○○ |
| 访问结构 | ●能描述结构变量的定义和初始化方法<br>●能描述访问结构成员的方法<br>●会实施结构成员的输入、输出<br>●能使用结构指针访问结构成员 | ○○○○○<br>○○○○○<br>○○○○○<br>○○○○○ | ○○○○○<br>○○○○○<br>○○○○○<br>○○○○○ |
| 基于结构的数据处理 | ●会定义和初始化结构数组<br>●会定义包含引用自身指针成员的结构<br>●能描述队列和栈的操作规则 | ○○○○○<br>○○○○○<br>○○○○○ | ○○○○○<br>○○○○○<br>○○○○○ |
| 其他 | | | |
| 综合评价： | | | |

NO.4

# 实现程序模块化

模块化程序设计的基本方法就是把规模大且功能复杂的应用系统按其功能的逻辑关系划分成若干相互独立的模块，每个模块可以独立开发测试，最后把这些模块集成起来实现完整的系统功能。在系统设计时往往要经历多级划分，直到模块要完成的任务明确而单纯，每个模块都控制在易于理解和实现的规模上。这种“自顶而下、分而治之”的程序设计方法称为模块化程序设计。程序模块化设计能有效降低程序复杂度，提高开发效率，提高代码的可读性和可维护性，提高代码的可重用性。在C语言中函数是实现程序模块化的基础工具。

## 本部分内容涵盖：

- 函数的定义
- 函数的声明与调用（递归调用）
- 多源文件程序
- 变量的生命期与作用域

# 模块一 / 使用函数

函数（function） 是完成特定任务的独立程序代码单元。在源程序中函数表现为按照一定语言格式封装起来的实现了某种功能的程序段。函数是实现程序模块化的基础工具，对于函数使用者而言，可以把函数视为一个具有某种功能的黑盒，只需要关心函数提供的标准接口和功能，无须关心其内部行为，而把精力用于当前的业务逻辑实现上。函数也是代码复用的重要手段，使用函数可使程序结构清晰，提高程序的可读性，易于调试和维护，减少编程工作中的重复劳动。学习完本模块后，你将能够：

+ 描述函数源代码格式和函数分类；
+ 定义函数实现程序模块功能；
+ 声明函数和调用函数；
+ 用多源文件组织程序代码。

NO.1

[ 任务一 ]

# 定义函数

函数是C语言程序的基本组成单元。因此，从编写程序代码的角度来看，编写C语言程序就是在定义一系列功能各异的函数。每个函数都是独立的功能代码单元，并向外提供标准的访问接口，通过该接口可对函数进行功能测试或使用函数的功能。

1.一个程序项目中需要用指定的字符绘制矩形，矩形的长、宽按需要设置。阅读下面程序，然后回答其后提出的问题。

```
/*p4.1.1 ——定义函数*/
#include <stdio.h>
void drawrect(unsigned a,unsigned b,char ch);
void printline(unsigned n,char ch);
int main(void)
{  int length,width;
   char gc;
   gc=getchar();
   scanf("%d %d",&length,&width);
   drawrect(length,width,gc);
   return 0;
}
void drawrect(unsigned a,unsigned b,char ch)
{  printline(a,ch);putchar('\n');
   for(int i=0;i<b-2;i++)
   {  putchar(ch);
      printline(a-2,' ');
      printf("%c\n",ch);
   }
   printline(a,ch);putchar('\n');
}
void printline(unsigned n,char ch)
{  for(int i=0;i<n;i++)
       putchar(ch);
}
```

记录程序的运行结果：

（1）参考程序代码，请描述，对绘制矩形的功能进行模块划分的设计能为程序带来哪些好处?

______________________________________________

（2）执行程序，输入1个字符和2个代表矩形长和宽的数，体验整个程序和其中函数的功能，然后描述各函数实现了什么功能。

______________________________________________

（3）本程序由几个函数组成?写出除main()函数外的函数的代码框架。并说出函数头包含的信息有哪些?函数头提供的信息有什么作用?

______________________________________________

（4）函数名的小括号中声明了一些变量，它们有什么作用?函数drawrect()的小括号中定义了两个unsigned变量a、b，采用分别定义的方式。可否用unsigned a,b的形式定义?试一试，你有什么发现?

______________________________________________

（5）drawrect()和printline()两个函数中没有像main()函数中那样使用return语句，它们中可以使用return语句吗?试一试，谈谈你的发现?

______________________________________________

（6）在程序中找出没有定义但却使用了的函数?为何没有定义却能使用它们?这些函数是由谁定义的?

______________________________________________

（7）在函数drawrect()中，函数名printline在程序中出现了几次?这说明使用函数具有什么优势?如果未定义printline()函数，该如何实现drawrect()函数的功能?其代码与使用函数printline()相比有何缺点?

______________________________________________

2.统计数据的总和、平均、最大值等是数据分析中的常见工作。在实际应用中，可以把它们分别用函数来实现组成数据分析工具包，而不必为每个数据分析工作重复编写相关程序代码。分析下面的程序代码，然后回答其后提出的问题。

```
/*p4.1.2 - -定义有返回值的函数   */
double getSum(const double da[],int len)
{  double s=0;
   for(int i=0;i<len;i++)
      s+=da[i];
   return s;
```

记录程序的运行结果：

```
}
double getAvg(const double da[],int len)
{
   return getsum(da,len)/len;
}
double getMax(const double da[],int len)
{    double max=da[0];
    for(int i=1;i<len;i++)
       if(max<da[i])
          max=da[i];
   return max;
}
```

（1）与程序p4.1.1相比，这里的3个函数定义代码中函数名前的数据类型是double而不是void，每个函数的函数体中都使用了return语句，那么，你知道return语句的使用与函数类型名有什么关系吗?

______________________________

（2）这几个函数的小括号中都有声明const double da[]，为什么没有指定数组da的长度? 可以指定长度吗? 关键字const在此声明了什么? 可否用const double * da? 试一试。

______________________________

（3）函数除了让程序逻辑结构清晰并易于理解，还有一个重要作用是代码复用。找一找，本例中哪个语句体现了代码复用?

______________________________

（4）请仿照程序p4.1.1的方式设计main()来测试这些函数的功能。

______________________________

## 日积月累

C YUYAN CHENGXU SHEJI JICHU
RIJIYUELEI

- C语言程序中的函数分为库函数和用户自定义函数两大类。C语言是高效、简洁、灵活的通用程序设计语言，C标准定义的标准库函数为程序设计提供了基础能力，通过丰富的第三方的扩展库函数可让C语言的功能无限扩充。
- C标准库函数按其实现的功能不同划分成了不同的系列，它们分别负责完成基本输入输出、数学运算、字符及字符串操作、内存管理、日期时间处理、系统控制等多个类别，这些函数的接口信息声明在相应的头文件中。

●用户自定义函数是由程序员根据实际问题求解而定义的函数。程序员也可以把自定义的函数组织起来形成自己的函数库，以充分发挥函数代码复用的优势。用户定义函数的源代码块由首行的函数头和紧跟其后的语句块组成，其一般形式如下：

```
<类型标识符>  <函数名>(<void|<类型标识符1> <变量名1> [,…]>)
{
   [<语句序列>]
}
```

①函数名是标识函数名称的C语言标识符，其前面的类型标识符定义了函数返回值的类型，void表示函数没有返回值。

②函数名后小括号中声明的变量是函数的形式参数（formal parameter），表示函数执行时需要从函数外传入什么类型的数据。void表示函数没有参数。

③函数体是一个实现函数功能的块语句。块语句中可以没有语句，这样的函数称为空函数。

●在函数源代码格式中的首行代码称为函数头，它描述了函数对外的标准接口信息，包括函数类型、函数名和函数的参数个数及类型。这些信息被称为函数的原型（function prototype）或函数签名（function signature）。

●函数体中的return语句一般格式为return [<表达式>];，它有两个作用：一是返回函数的值（也即其后表达式的值），二是退出函数返回流程控制。

## 眼下留神

C YUYAN CHENGXU SHEJI JICHU YANXIA LIUSHEN

●在C语言程序中函数名具有全局性，要确保不与其他函数（包括库函数）同名。建议用"动词+名词"的格式命名来反映函数的功能，如getMax、drawRect等。

●在声明函数形式参数时，每个形参变量需单独声明。声明形参数组不用指定长度。每个形参声明之间用逗号（,）分隔。声明形参变量与定义变量不同点在于此时编译器不会给形参变量分配内存空间，形参变量起占位的作用。

●return返回的值要与函数的类型相同，如果不同，该值在返回时会自动转换成函数的类型。对void函数return返回值和对非void函数而return不返回值都将发生编译错误。

●void类型的函数体中可以使用不带表达式的return语句，它与函数体的右大括号的作用相同，即返回流程控制，因此，void类型函数中可省略return语句。

●如果一个函数从不返回调用，可用_Noreturn关键字声明为无返回特性。该函数的类型必须是void，函数体中调用标准函数exit()、abort()等类函数结束程序。

●空函数没有实现任何功能，但程序员可以利用它可快速搭建程序的逻辑结构，然后再逐个编写、测试函数，未完成的空函数能保证顺利通过编译器检查。

●C语言中的函数在代码级上是相互独立的，因此，不能在一个函数的函数体中定义另一个函数。

●可把代码较短的函数用inline声明为内联函数，编译器会把调用内联函数的语句直接用函数代码替换，这能节省调用函数的开销，有利提高执行性能。

NO.2

[ 任务二 ]

# 声明与调用函数

函数经过定义和功能测试后就可以为其他的函数提供服务了。C语言程序的功能也就是在函数之间的服务与被服务的过程中实现的。需要服务的函数向提供服务的函数发送信息，提供服务的函数收到信息后开始运行，或者执行请求服务的函数需要的操作，或者向请求服务的函数返回需要的处理结果。

1.在收银程序中要计算顾客所购商品应付金额，服务员只需要输入商品单价、折扣率和商品数量，程序自动完成计算并输出应付金额。阅读下面的程序，并回答其后提出的问题。

```
/*p4.1.3 – – 声明与调用函数  */
#include <stdio.h>
double caltotal(double price,double rate,double amt);
int main(void)
{
   double uprice,discount,amount;
   double totalmny;
   printf_s("请输入商品单价、折扣和数量：");
   scanf_s("%lf %lf %lf",&uprice,&discount,&amount);
   totalmny=caltotal(uprice,discount,amount);
   printf("应付金额：%.2f\n",totalmny);
   return 0;
}
double caltotal(double price,double rate,double amt)
{
   double s=0;
   s=price*rate*amt;
   return s;
}
```

记录程序的运行结果：

（1）本程序中请求服务的函数和提供服务的函数分别是哪一个？执行程序，按要求输入商品单价、折扣率和商品数量，观察程序的输出结构并验证，然后写出程序中请求函数服务的语句，并说出该语句的使用格式?

______________________________

（2）把语句double caltotal(double price,double rate,double amt);改成注释，再编译运行程序，根据编译器反馈的信息，你认为该语句有何作用？把此语句移动到main()函数中，多试几个位置，观察程序能否正确运行？从中你能得出什么结论？

______________________________

（3）试着把double caltotal(double price,double rate,double amt);用下面两种格式的语句替换，再测试程序的执行情况。你有何发现？

double caltotal(double ,double,double);或double caltotal(double x,double y,double z );

______________________________

（4）请描述语句totalmny=caltotal(uprice,discount,amount);的执行过程，然后说出本语句小括号中3个变量与double caltotal(double price,double rate,double amt)函数中3个变量的关系，并画出简易示意图辅助说明。

______________________________

（5）语句totalmny=caltotal(uprice,discount,amount);执行后，变量totalmny获得的数据来自哪里？变量totalmny的数据类型与哪几处的数据类型是一致的？

______________________________

## 日积月累

C YUYAN CHENGXU SHEJI JICHU RIJIYUELEI

- 在C语言中把使用函数的服务功能称为调用函数，为方便交流把提供服务的函数称为被调函数（called function），而把请求服务的函数称为主调函数（calling function）。
- 在调用函数之前需要对被调函数进行声明，函数声明也称为函数原型。它是定义了函数基本特性的语句，向编译器提供了函数的所有外部规范，目的是一方面让编译器据此去查找函数的定义；另一方面让编译器捕获在调用函数时可能出现的错误或疏漏，如参数类型、参数数目不匹配等。
- 声明函数最简单的方法就是把函数头复制到声明函数的位置并以分号结束。函数声明关注的是函数的原型信息，即返回值类型、函数名、形参类型、形参个数和顺序。因此，形参变量的名称是不重要的，是可以省略的，也可以用不同于定义函数时的形参变量名。
- 调用函数的一般格式为：<函数名>([<参数列表>])

  ①对于有返回值的函数其调用形式应置于表达式出现的地方，没有返回值的函数可在函数调用形式后直接以分号结束构成语句。

  ②参数列表中的数据项是与该函数形参一一对应的确定数据，可以是字面量、变量或表达式，称为实际参数（actual argument），简称实参。
- 调用函数时，系统为函数的形参变量临时分配存储空间，主调函数则把被调函数需要的实参数据复制到对应的形参变量从而传到函数内部进行处理。这种从实参到形参的数据传递方式被称为按值传递机制（pass-by-value mechanism）。

- 调用函数时，主调函数将流程控制权交给被调用函数，主调函数暂停执行，开始执行被调函数体的语句，当执行了return语句或遇到函数体的右大括号（}），则返回流程控制到主调函数之前的调用处，如有返回值也一并返回给主调函数，主调函数继续执行后续语句。
- 函数代码也是存储在一个内存块中，函数名代表这块内存的地址。可通过定义指向函数的指针来调用函数。如有函数定义float func(int p,float x){}，则声明指向该函数的指针float (*pf)(int p,float x);，函数指针指向具体函数pf=func;，通过指针调用函数的语句是y=pf(98,0.1);，与y=func(98,0.1);等价。

## 眼下留神

C YUYAN CHENGXU SHEJI JICHU YANXIA LIUSHEN

- 建议在源程序的所有预处理命令之后，函数定义之前集中声明函数。也可以在主调函数中，调用该函数之前进行声明。不过此声明仅对该主调函数有效。
- 把整个函数定义放在调用该函数之前，也能起到声明函数相同的效果。但会破坏程序逻辑结构，增加了程序的阅读难度。
- 声明函数时可以省略形参变量名，但不建议省略。可以直接使用定义函数时的形参变量名，还可以重命名更能反映参数意义的变量名。函数原型中的形参变量名是假名，其作用是增进用户理解，不对编译产生任何影响。
- 头文件中除了符号字符量和宏（一种带参数的符号标记，行为像函数）的定义外，主要内容是库函数的原型声明。#include实现的头文件包含就是在源程序中为相应的库函数集中执行函数原型声明，以方便调用库函数。
- 按值传递机制意味着把实参的值复制一份副本去初始化形参变量，无论被调函数对副本数据进行什么操作，都不会影响主调函数中实参的原始数据。
- 函数体中可以使用多个return语句，但一次调用只可能执行其中一个return语句。对于有返回值的函数，一次调用也只能返回一个函数值。
- 函数可视为根据传入数据及其生成值的或执行定义功能的“黑盒子”。 如果不是自己编写的函数，完全不用关心黑盒的内部行为。想一想，你使用printf()、scanf()函数的情形，这种看待函数的方式有助于把注意力集中在程序的整体架构设计上，而不是函数的实现细节上。
- 在自己编写函数代码之前，应仔细思考函数应完成的功能，以及函数和程序整体的关系。这有助于培养大局观和提升整体设计的能力。

2.在选择排序、冒泡排序等算法实现中会频繁用到交换两个变量的值的功能，像这样的公共通用操作最适合用函数来实现。分析并测试下面程序，然后回答其后提出的问题。

```
/*p4.1.4 ——突破按值传递机制的限制*/
#include <stdio.h>
void swapVar(float front,float rear);
int main(void)
{
   float fa,fb;
   scanf("%f %f",&fa,&fb);
   printf("Before swaping...\n");
   printf("fa=%.1f  fb=%.1f\n",fa,fb);
   swapVar(fa,fb);
   printf("\nAfter swaping...\n");
   printf("fa=%.1f  fb=%.1f\n",fa,fb);
   return 0;
}
void swapVar(float x,float y)
{
   float t;
   t=x;
   x=y;
   y=t;
}
```

记录程序的运行结果：

（1）运行程序，输入两个实数，根据程序输出结果，你发现函数swapVar()实现了两个变量值的交换吗？谈一谈你的看法。

______________________________

（2）试一试，把swapVar()的函数头重新定义为void swapVar(float *px,float *py)，接下来需要你修改它的原型声明和调用语句，然后再测试程序。这一次两个实参变量的值成功交换了吗？你能说出其中的道理吗？是不是形参和实参之间实现了双向值传递呢？变量px和py的值回传给实参了吗？

______________________________

（3）把swapVar()的函数头重新定义为void swapVar(const float *px, const float *py)或者void swapVar(float const *px, const float const *py)还能交换变量的值吗？为什么？

______________________________

（4）如果把swapVar()的函数头改为void swapVar(float *const px, const float *const py)后swapVar()函数的功能会受到影响吗？这样改有什么好处？

______________________________

（5）怎样才能让被调函数对形参变量的操作影响到实参变量，你还能想到其他方法吗？把函数的返回值赋值给实参变量是不是一种途径？它适用于本问题吗？为什么？请按你的思路修改swapVar()函数实现交换两个变量的值并测试。

______________________________________________________________

**眼下留神** C YUYAN CHENGXU SHEJI JICHU YANXIA LIUSHEN

- 通过return语句函数只能返回一个值，不论它是数据值还是指针值。要让被调函数修改主调函数的多个数据，可以把形参声明为指针变量，在调用时传递给形参的是实参变量（不能是字面量或表达式）的地址值，在被调函数内部通过形参指针变量可直接修改实参变量的值，这就是为什么scanf()函数要使用变量的地址作参数的原因了。
- 指针变量作形参时，实参向形参的数据传递同样遵守按值传递机制的约束，即形参变量的值也不能回传给实参变量，只不过这里传递的值是地址而已。
- 形参是指针变量时，常用const来控制可以修改的数据。const置于类型标识符的前或后表示指针引用的内存块中的数据只读，不能通过该指针进行修改；const置于星号（*）之后，指针变量名前则表示指针变量本身不能被修改。如果两处同时使用const则指针引用的内存块和其本身都只能读取而不能修改。
- 数组作形参时，如果没有const限制，被调函数可以直接修改实参数组的元素。

NO.3 ［任务三］

# 使用函数递归调用

在实际问题求解中，有时需要函数调用自己，这种调用方式在C语言中称为函数的递归调用（recursion calling）。递归调用有时能让程序代码表达问题求解简洁而易于理解，但有可能其执行过程并不易于理解，不过那是编译器伤脑筋的事。

1.考虑1+2+3+…+98+99+100这样一个简单问题，在单元2中曾经用循环语句实现过。这里换个视角看问题，要求1加到100的和，是不是可以先求加到99的和然后加上100；那么要求1加到99的和，可以先求1加到98的和然后加上99，以此类推，每一轮只是求和的数字递减，而求和的实现方法是一样的，即调用同一个求和函数来完成，当要求和的数减到1时，累加到1的和是显而易见的1，因此无须再调用求和函数。阅读并测试下面的程序，然后回答后面提出的问题。

```
/*p4.1.5 ——递归调用求1开始的自然数累加求和*/
#include <stdio.h>
int accumulate(int n);
int main(void)
{
   printf("1+2+...+100=%d\n",accumulate(100));
   return 0;
}
int accumulate(int n)
{
   if(n<2)
      return 1;
   else
      return accumulate(n-1)+n;
}
```

记录程序的运行结果：

（1）执行程序，其运行结果实现1到100的累加求和功能了吗？你可以把100修改成其他你需要的自然数进行多次测试，然后找出程序中实现函数递归调用的语句，看看函数递归调用与普通函数调用有何区别。

______

（2）本程序中，在什么条件下不再执行函数递归调用？这个条件有何作用？

______

（3）以计算1+2+3+4+5为例分析调用accumulate(5)的执行过程，画出执行过程函数调用与返回示意图。在调用函数时，系统必须把当前涉及的变量的值压入栈内存中，当从被调用函数返回时，从栈中取出之前保存的变量值，然后继续执行。请据此操作过程统计函数整个执行过程消费的内存大小（以int类型的字节长度为单位，换句话说共用了多少个int型变量）。与采用循环迭代实现方式相比，哪种方式内存消耗量更多?

______

（4）一个整数n的阶乘定义为$n!=1\times2\times3\times\cdots\times(n-1)\times n$，请用factorial作函数名，并采用递归调用技术计算n的阶乘，并进行测试。

______

（5）从求解1开始的自然数累加求和以及计算n的阶乘来看，它们既可以用循环迭代实现，也可用递归调用技术实现，你能说出它们的优劣吗?

______

2.著名的斐波那契数列（fibonacci sequence）的第1项和第2项都是1，从第3项开始每项是它前两项之和。阅读下面的程序并上机测试，观察它是怎样输出斐波那契数列前n项的，然后回答其后提出的问题。

```
/*p4.1.6 - -输出斐波那契数列前n项 */
#include <stdio.h>
unsigned long long fibonacci(unsigned n);
int main(void)
{
   unsigned fn;
   scanf("%u",&fn);
   for(unsigned i=1;i<=fn;i++)
      printf("%5llu",fibonacci(i));
   return 0;
}
unsigned long long fibonacci(unsigned n)
{
   if(n>2)
      return fibonacci(n-1)+fibonacci(n-2);
   else
      return 1;
}
```

记录程序的运行结果：

（1）执行程序输入不超过16的整数（斐波那契数列的项增长很快，太多的项会使后面的输出不容易分辨），观察程序是否能正确输出斐波那契数列?

______

（2）你能说出fibonacci()函数的功能吗？请描述fibonacci()函数的算法实现思路。

______

（3）以求斐波那契数列第6项为例，分析fibonacci()函数执行过程中的内存占用情况。

______

（4）请用循环迭代方式编写输出斐波那契数列前n项的程序代码，与fibonacci()函数实现同样的任务。迭代方式在内存占用和执行效率上有何特点?

______

## 日积月累

C YUYAN CHENGXU SHEJI JICHU
RIJIYUELEI

●递归（recursion）在数学上是一种定义问题的方法，即一个大的原始问题是由较小的问题采用相似方法递推而得，直到基本问题为止，然后从基本问题开始反向回归，最后实现大的原始问题的求解定义。如：首项为1，公差为3的等差数列的第n项。第n项是个大的问题，它是由较小的第n-1项与公差之和，而第n-1项的定义方法与第n项是相似的，这样直到首项为1的基本问题，结束递归定义，然后回归可依次取得第2项、第3项，直到第n项。

●在程序设计中递归调用是指在函数定义中调用函数自身的方法。递归调用是对问题递归定义的直接模拟与实现。

●递归算法包括递归定义和基本情况。递归定义描述如何将原始问题分解为更小的同类问题。递归函数会反复调用自身，每次处理一个子问题。 基本情况定义了递归过程何时结束的条件。一旦达到基本情况，递归停止，开始回溯并组合子问题的解以得到原始问题的解。下图所示为accumulate(5)的递归调用过程。

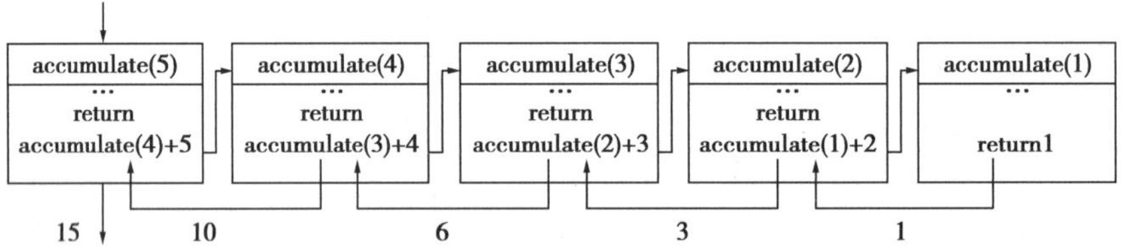


●当一个函数调用另一个函数时，系统需要把当前调用点相关变量的数据保存到栈空间（按照FILO操作的一块内存空间）中，这种压栈操作被称为保护现场；当被调函数返回时，按压栈的相反方向把栈中存储的数据出栈并赋值给原来的变量，这个操作称为恢复现场，目的是确保主调函数能正常继续执行。

●迭代（iteration）算法通过重复执行一组指令来解决问题。前一次重复的结果会作为下一次重复的初始值，这类重复称为迭代。与递归算法不同，迭代算法不涉及自我调用，而是通过循环重复执行某种操作步骤，直到问题求解。累加求和（s=s+n）是典型的迭代算法。重复反馈过程的活动，每一次迭代的结果会作为下一次迭代的初始值。

## 眼下留神

C YUYAN CHENGXU SHEJI JICHU
YANXIA LIUSHEN

●递归自然体现了“分治”算法思想，通过问题的逐级化小实现问题求解。递归定义的问题必须满足只有大小不同，而实现方法必须相似。

●设计递归函数两个关键要素是定义递归表达式和一个明确的递归结束条件。递归表达式决定能否正确解决问题；递归结束条件又称为基本情况或递归出口，它决定何时结束递归调用。不正确的基本情况将导致递归调用无限进行。

●递归函数必须包含能让递归调用停止的语句。通常使用if命令测试条件数形参等于某特定值时中止递归。为此，每次递归调用的形参都要使用不同的值。

- 通常递归和迭代可以相互转换。但递归定义的结构并不总能转换为迭代结构。因此，迭代可以转换为递归，但递归不一定能转换为迭代。
- 递归算法通常能够以简洁的代码清晰地表达问题的解决方式，易于理解。但每次递归调用都要保护现场而占用栈内存空间以压栈的时间开销，在回归时有出栈的时间开销，与迭代实现方式相比有内存开销大、执行效率低的特点。当进行大量重复计算时，递归次数过多可能导致栈溢出问题。
- 递归调用正好在函数的末尾，即是return语句中的表达式，这种形式的递归被称为尾递归（tail recursion）。尾递归相当于循环，如p4.1.5程序中的accumulate()函数是尾递归，p4.1.6程序中的fibonacci()则是双递归调用。
- 递归算法可以用少量代码实现问题求解，它依赖栈的操作特性来实现自身重复调用，其执行过程可能难以理解，但这是系统内部执行机制问题，可以不用理解。

NO.4

［任务四］

# 编写多源文件程序

用C语言开发一个功能复杂程序时将包含大量的函数，把这些函数全部放在一个源程序文件中进行管理是一种很糟糕的想法。编程实践中是按模块化程序设计的思想，把函数分成若干系列，一个系列的函数从逻辑上联系相对紧密，它们共同实现较大模块的功能。把这些函数存储到一个独立的源程序文件中进行管理，该源程序文件可视为比函数功能更强，规模更大的“模块”。一个软件通常就是由若干程序文件和相关的数据文件构成的。

在本模块任务一定义了数据统计需要的函数（p4.1.2），现在把它们另存到statistic.c文件中，目的是让程序文件可以表征它的功能。然后新建头文件statistic.h，其中包含statistic.c中所有函数的原型。在Code::Block执行“新建”→“项目…”，在弹出的对话框中选择项目模板“Console Application”，接着按向导指引选择C语言，然后输入项目名称，如demostat。其他保持默认，单击“完成”创建项目，如下图所示。

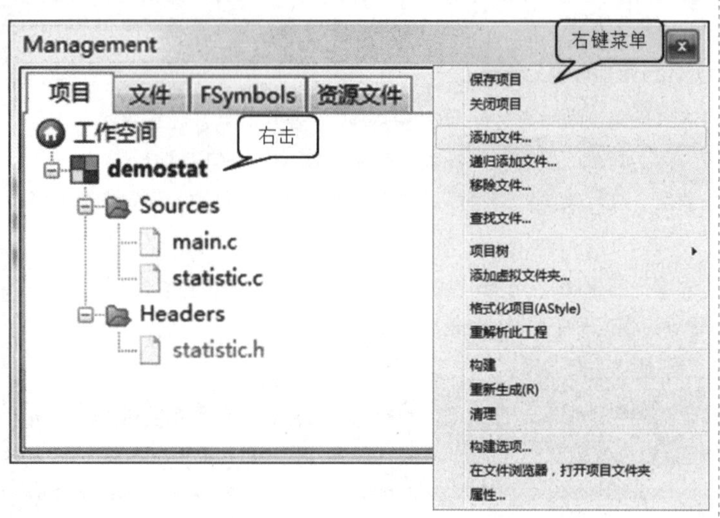


右键菜单命令可实施项目管理，如添加或移除文件。

statistic.h头文件

```
#ifndef STATISTIC_H_INCLUDED
#define STATISTIC_H_INCLUDED
   double getSum(const double da[],int len);
   double getAvg(const double da[],int len);
   double getMax(const double da[],int len);
#endif // STATISTIC_H_INCLUDED
```

statistic.c函数实现文件

```
#include "statistic.h"
double getSum(const double da[],int len)
{   double s=0;
   for(int i=0;i<len;i++)
      s+=da[i];
   return s;
}
double getAvg(const double da[],int len)
{
   return getSum(da,len)/len;
}
```

```
double getMax(const double da[],int len)
{   double max=da[0];
    for(int i=1;i<len;i++)
      if(max<da[i])
         max=da[i];
   return max;
}
```

main.c文件

```
#include <stdio.h>
#include "statistic.h"
int main(void)
{  double h[]={87.3,56,78.3,65.9,54.8,33};
   printf("hsum:%f\n",getSum(h,sizeof(h)/sizeof(double)));
   printf("havg:%f\n",getAvg(h,sizeof(h)/sizeof(double)));
   printf("hmax:%f\n",getMax(h,sizeof(h)/sizeof(double)));
   return 0;
}
```

（1）上机实践，在Code::Block新建此项目，然后构建并运行项目。请描述新建项目的操作过程和注意事项。

______________________________________________

（2）本项目由几个文件组成？它们各包含什么内容？各自的功能是什么？

______________________________________________

（3）main()函数中并没有getSum()、getAvg()等函数的定义和声明代码，为什么却可以正常调用这些函数？

______________________________________________

（4）#include "statistic.h"预处理命令的有什么作用？将命令中的双引号换成尖括号，可以吗？试一试。你能说出它们使用上的区别吗？

______________________________________________

## 眼下留神

C YUYAN CHENGXU SHEJI JICHU YANXIA LIUSHEN

- 多源文件程序由多个源程序文件及相应的头文件组成，每个源程序文件中定义了一组函数，对应的头文件则包含了这些函数的原型声明。由于手工管理这些文件不方便且易出错，通常IDE提供“项目”或“工程”来管理这些程序文件。
- #ifndef…#endif是条件编译处理命令，#ifndef测试其后的符号标记是否定义，如没有定义，就执行#ifndef…#endif之间的命令，#else配合#ifndef使用。本例用于防止重复包含头文件。
- 在#include命令中用<>包围头文件，编译器将在存储标准库函数头文件的目录下查找头文件，双引号（""）包围头文件，编译器默认在源程序文件所在目录中查找头文件，因此，<>用于标准库的头文件，""用于自定义头文件。
- 多源文件程序的执行入口依然是main()函数，通常main()函数返回结束程序，但在其他函数调用时，如有需要也可以调用库函数exit()或abort()结束程序，它们将清空输出缓冲区，关闭打开的流，把控制权交给主机系统环境。
- exit()函数用于正常结束程序，其需要一个int参数代表程序结束时的状态，可用符号量EXIT_SUCCESS表示成功结束，EXIT_FAILURE表示不成功。
- abort()没有参数，也没有返回值，它会不正常结束程序。一般是程序检查到不能处理的错误才调用abort()中止程序。
- 编译多源文件程序时，编译器把每个源代码文件和头文件看成是一个包含信息的单独文件，这个文件被称为编译单元（translation unit）。它们被独立进行编译，然后再链接起来构建出完整的程序。

# ▶ 模块评价

## 实战演练

### 1.填空题

（1）C语言函数可分为__________和__________两大类。

（2）函数原型信息包括__________、__________、__________、__________和__________。

（3）定义函数时，在函数名后大括号中声明的变量称为__________________，它们的作用是______________________________。

（4）形如double dtc(double *pf,int cn ){ }定义的函数称为__________函数。

（5）return语句的作用一是____________，二是____________________。

（6）调用函数之前必须进行______________。

（7）在调用函数时，实参向形参的数据传递遵循________机制。它是由实参到形参的________传递方式。

（8）递归调用是指______________。

（9）递归函数的关键要素是________、________。

（10）#include <stdio.h>的主要作用是______________。

## 2.判断题

（1）标准库函数可以直接调用。（ ）

（2）当函数定义为void型时，函数体中不能出现return语句。（ ）

（3）定义没有参数的函数可以省略函数名后的小括号。（ ）

（4）在同一个程序中，可以出现多个同名的函数，相互不影响。（ ）

（5）形式参数可以是字面量、变量或表达式。（ ）

（6）当数组名作函数参数时，改变形参数组一定能改变实参数组。（ ）

（7）有形参数声明int const *pf，则函数不能改变pf的值。（ ）

（8）迭代算法总可以转换为递归算法。（ ）

## 3.选择题

（1）有int m,n;…;printf("%f",gm(m,n));,则函数的可能定义形式为（ ）。

A.void gm(int x,int y){}　　B.float gm(int x,int y){}

C.float gm(int x,y){}　　D.float gm(float x,float y){}

（2）下列正确的函数定义形式是（ ）。

A.float func(int x,int y); {…}　　B.float func(int x,int y){…}

C.float func(int x,y){…}　　D.float func(int x;int y;) {…}

（3）下面声明函数void gen(float x,int y){}不正确的是（ ）。

A.void gen(float,int);　　B.void gen(float x,int y);

C.gen(float,int);　　D.void gen(float qa,int pr);

（4）下列函数调用语句中参数的个数是（ ）。

demo((x4,y+2，k++),oi,(ws+9,v++,jk)，k++);

A.3　　B.1　　C.4　　D.8

（5）下列关于函数的说法正确的是（ ）。

A.无返回值的函数中不能使用return语句

B.若形参是指针变量，则形参指针值可以回传给实参变量

C.主调函数提供的实参必须与被调函数的形参一一对应

D.实参变量必须和形参变量同名才能调用函数

## 4.程序填空

（1）定义函数求非负整数各位数字之和。

```
_________ getInts(_________)
{   unsigned s=0;
      while(n)
   {   s+=n%10;
       n/=2;
   }
_________________
}
```

（2）下面函数求首项为1，公比为2的等比数列的第n项。

```
int eqpgs(int n)
{
      if(n<2)
          _________________
   else
          _________________
}
```

## 5.编写程序

（1）设计函数lenOfString，求一个字符串的长度并测试。

（2）编写函数leap，判断一个年份，如果是闰年返回逻辑真，否则返回逻辑假。

（3）编写函数showtime，按“HH:MM:SS”格式输出时间，时间是结构类型，请参考单元3中关系时间的结构定义。

（4）编写函数reverse，使一个数组的元素逆序存储。

## 模块能力评价表

班级______________　　　姓名______________　　　　　　　　年　　月　　日

| 核心能力 | 评价指标 | 自我评价（掌握程度） | |
|---|---|---|---|
| | | 基础知识 | 基本技能 |
| 定义函数 | ●知道C语言函数的分类<br>●能描述定义函数的一般格式<br>●会声明函数的形参变量<br>●知道函数类型与return语句的使用<br>●知道函数原型信息的组成 | ○○○○○<br>○○○○○<br>○○○○○<br>○○○○○<br>○○○○○ | ○○○○○<br>○○○○○<br>○○○○○<br>○○○○○<br>○○○○○ |
| 声明与调用函数 | ●能描述主调函数和被调函数<br>●知道声明函数的位置和声明函数的方法<br>●能正确调用函数<br>●能说出实参与形参之间的数据传递机制<br>●能描述函数调用与返回的流程 | ○○○○○<br>○○○○○<br>○○○○○<br>○○○○○<br>○○○○○ | ○○○○○<br>○○○○○<br>○○○○○<br>○○○○○<br>○○○○○ |
| 递归函数 | ●能描述递归函数的定义<br>●能说出递归函数的关键要素<br>●能说使用递归函数的优、缺点<br>●能说出迭代与循环重复的关系<br>●能定义单向递归函数 | ○○○○○<br>○○○○○<br>○○○○○<br>○○○○○<br>○○○○○ | ○○○○○<br>○○○○○<br>○○○○○<br>○○○○○<br>○○○○○ |
| 其他 | | | |
| 综合评价： | | | |

# 模块二 / 变量的作用域与存储期

现代计算机系统的内存中同时运行着多个程序，而现代程序的不同模块也能同时运行，这些同时运行的程序或程序的模块代码和相关数据都存储在内存中，它们必须有受保护的互相隔离的运行内存空间。程序或程序模块之间又要求能顺畅安全地通信，才能保障程序的正确、高效运行。因此，内存管理技术的优劣不仅是衡量操作系统品质的重要指标，同时也决定应用程序的质量。C语言程序中的变量即内存，内存管理在程序设计中对应的就是变量的管理。C语言提供了灵活的内存管理能力，程序员可以控制变量可被访问的代码范围以及存储的持续时间，从而设计出内存使用恰当、结构清晰、运行安全高效的程序。学习完本模块后，你将能够：

+ 描述变量的作用域及分类；
+ 描述变量的存储期及作用；
+ 恰当规划和使用变量。

NO.1

[ 任务一 ]

# 考查变量的作用域

C语言标准规定了变量定义后，可以访问该变量的程序代码区域。作用域就是用于描述程序中可访问标识符的代码区域。C语言程序中有一些自然形成的代码区域，如：块语句、函数定义代码段、能源程序文件等。

1.下面程序在一个数组中查找指定的数，如果找到，则输出该数在数组中的索引号，否则打印提示信息。阅读程序，然后按要求回答程序后面的问题。

```
/* p4.2.1 - - 变量的作用域      */
#include <stdio.h>
#define CMAX 100
int curl;
int main(void)
{
   int dpool[CMAX]={23,47,56,78,90};
   int ndat;
   extern int pos;
   _Bool seekDE(int member,int *parry);
   curl=5;
   scanf("%d",&ndat);
   if(seekDE(ndat,dpool))
      printf("%d\'s index is %d.\n",ndat,pos);
   else
      printf("%d is not found in dpool.\n",ndat);
   return 0;
}
int pos;
_Bool seekDE(int ele,int *par)
{   int ndat=ele;
   for(int i=0;i<curl;i++)
      if(ndat==par[i])
      {   pos=i;
```

记录程序的运行结果：

```
            return 1;
        }
    return 0;
}
```

（1）阅读程序找出程序定义的所有变量，并按在程序中定义的变量的位置对变量归类，并描述在哪些位置可以定义变量。

______________________________________________

（2）运行程序，分别输入数据dpool中存在的和不存在的数以测试程序的功能。然后描述变量curl和pos的作用，它们在程序的什么位置被定义的？哪些代码可以访问它们？

______________________________________________

（3）把main()函数中的语句extern int pos;改为注释，程序能正常运行吗？是什么原因？去掉它的注释符，给main()函数后的int pos;和seekDE()函数中的pos=i;加上注释符，再执行程序时，还有问题吗？根据测试结果，你能说出extern int pos;的作用吗？为什么curl变量在main()和seekDE()函数中没有用extern声明就可以直接使用？

______________________________________________

（4）main()和seekDE()函数中都有同名的变量ndat，它们是同一个变量吗？被调函数中能访问主调函数中定义的变量吗？试一试。

______________________________________________

（5）_Bool seekDE(int ele,int *par)函数头中声明的变量可以在哪些代码区域访问？函数声明语句_Bool seekDE(int member,int *parry);中声明的变量member、parry能被哪些代码区别访问？

______________________________________________

（6）seekDE()函数中的for语句的括号中定义了变量i，该for语句执行完毕后，想输出变量i的值能行吗？为什么？

______________________________________________

2.下面的程序仅用于测试不同文件中定义的变量访问操作。创建项目globalvar，在其中添加下面所示的源代码文件master.c和slave.c，然后按要求完成测试并回答相关问题。

```
/* master - -文件作用域    */
#include <stdio.h>
int pm=999;
void showvar(void);
void dspvar(void);
extern int ps1;
extern int ps2;
int main(void)
{
   printf("from slave.c:%d   %d\n",ps1,ps2);
   showvar();
   dspvar();
   return 0;
}
void dspvar(void)
{
   printf("from slave.c:%d   %d\n",ps1,ps2);
}
```

记录程序的运行结果：

```
/* slave - -变量文件作用域    */
#include <stdio.h>
int ps1=99;
int ps2=101;
void showvar(void)
{
   extern int pm;
   printf("showvar() is in slave.c\n");
   printf("pm(%d) is from master.c\n",pm);
}
```

（1）本程序共有几个变量？它们分别在程序的什么位置被定义的？

______________________________

（2）运行程序，分析记录的程序结果，描述访问变量的情况。

______________________________

（3）注释掉文件master中的extern int ps1;和extern int ps2;语句后运行程序，编译器告诉你出现了什么错误？这说明了什么？

______________________________

（4）把extern int ps1;和extern int ps2;语句移动到main()函数中printf()语句前，然后运行程序，根据编译器的反馈信息，你能说出extern类语句在函数内、外有什么不同吗？

______________________________

（5）通过前面的测试，你发现在同一程序的不同文件中定义的变量能否交叉访问？在访问前还需要执行什么操作？

______________________________

## 日积月累

C YUYAN CHENGXU SHEJI JICHU RIJIYUELEI

- 定义在块语句、函数（包括函数头）中的变量仅供块语句或函数内部代码访问，这类变量被称为局部变量。
- 在函数外定义的变量其作用域默认从定义语句开始直到程序文件尾。使用关键字extern声明后其作用域可覆盖整个文件以至整个程序，因此，一般称这类变量为全局变量。
- 如果局部变量与全局变量标识符同名，则在局部变量的作用域内，该标识符指定的是局部变量，同名的全局变量被屏蔽掉不可访问。
- 函数声明语句中声明的形参变量是假名，它仅限于该声明语句。由于编译器只关心参数的类型，所以声明函数时通常可以省略形参变量名，但可变长度数组作形参时，则不能省略，如：void creater(int len,float tda[len]);。
- C语言变量的作用域可以是块作用域、函数作用域、函数原型作用域、文件作用域和整个程序作用域（或称全局作用域，对单源文件程序，全局作用域等同于文件作用域）。
- 使用extern声明变量是告知编译器该变量在程序的某个文件作用域已经有了定义，在当前作用域中将访问它。extern声明语句不会让编译器为变量分配内存空间，称之为引用性声明（referencing declarantion），定义变量的语句则要求编译器分配内存空间，称之为定义性声明（defining declarantion）。
- 在文件作用域定义的变量可以被同一程序的其他文件访问，这称为变量的链接性（linkage）。以编译单元（文件）为界有外部链接、内部链接和无链接3种。
- 源程序文件中的所有函数默认具有外部链接性，它们在程序的所有文件都可访问。如果把函数声明为static，则该函数就具有内部链接性，就只能在定义它的文件中可访问。

NO.2

[ 任务二 ]

# 考查变量的存储期

内存容量大小是影响计算机系统性能的重要指标之一，内存容量越大，内存读写速度越快，计算机的性能越好。同时，算法实现占用的内存空间大小也是衡量算法优劣的关键指标。因此，在程序设计中要根据实际需要来申请使用内存空间，用完后要立即归还给系统，以便其他程序使用。C语言支持自动内存管理和程序员自行管理两种方式。

1.下面的程序输出是由星号组成的等腰三角形，从第1行开始，每行依次按1、3、5等奇数个星号组成。阅读程序代码，然后回答其后提出的问题。

```
/*p4.2.2－－　变量的存储期 */
#include <stdio.h>
#define POS 30
#define ROW 9
int printnch(char ch,int n);
int charcnt;
int main(void)
{   int calltimes;
    for(int i=0;i<ROW;i++)
    {   printnch(' ',POS-i);
        calltimes=printnch('*',2*i+1);
        putchar('\n');
    }
    printf("total of characters:%d\n",charcnt);
    printf("times of calling printnch:%d\n",calltimes);
    return 0;
}
int printnch(char ch,int n)
{
    static int calln=0;
    calln++;
    for(register int i=0;i<n;i++)
    {   putchar(ch);
```

记录程序的运行结果：

```
        charcnt++;
    }
    return calln;
}
```

（1）运行程序观察程序的输出结果，可以重新定义符号字面量的POS和ROW代表的数值，观察输出结果的变化。然后描述charcnt和calltimes各是什么变量？它们在哪个时段存在于内存中？

______________________________

（2）在main()函数的for语句后，添加语句printf("%d\n",i);输出变量i的值，重新运行程序，你得到什么结果？这说明了什么？

______________________________

（3）从程序运行结果来看，函数printnch()中static int calln=0;定义的变量calln是否在每次调用printnch()时，都要进行定义和赋初值操作？你认为它有什么特点？

______________________________

（4）打开项目globalvar，把源文件slave.c中的语句int ps2=101;改成static int ps2=101;后运行程序，从编译器的反馈信息中，你发现了什么？

______________________________

## 日积月累

C YUYAN CHENGXU SHEJI JICHU RIJIYUELEI

●C语言为程序建立了专门的存储结构，把使用的内存空间分成若干区域，每个区域都有特定的用途和管理策略。C语言的存储结构见下表。

| 类　别 | 说　明 |
|---|---|
| 栈区（stack） | 自动管理 |
| 堆区（heap） | 程序员管理 |
| 静态区（static storage） | 存储全局变量和静态变量 |
| 文字量区（const） | 只读，存储字面量和常量 |
| 代码区（code segment） | 只读，存储程序的代码，操作系统管理 |
| 寄存器（register） | CPU内部的高速存储单元 |

●程序中的数据对象都占用一定大小的内存空间，为了访问保存在内存空间中的数据，需要用表达式来指定内存空间中的数据，这种表达式被称为左值（lvalue），通常是变量或指针解

引用。如：int n=98,*pn=&n;则n和*pn都可以指定数据。

- 变量存储期（storage duration）是指变量在内存中存留的时间。C语言的存储期有程序执行期、函数执行期、语句块执行期，对并发程序来说，还存在线程执行期。
- 定义在块语句、函数中的变量由编译器自动管理，在执行语句块或函数时编译器在栈内存区为变量分配内存空间，结束执行时释放其占用的内存。这种变量也称为自动变量（auto variable）。
- 用static声明的变量称为静态变量，在首次执行它所在的代码块时，编译器在静态存储区为它分配内存空间并赋初值，离开代码块时不释放其内存空间，当再次执行其所在的代码块时，将使用上次保留的值。
- 定义在函数之外的变量也由编译器自动管理，从程序开始执行时在静态存储区为其分配内存空间，直到程序结束时才释放所占的内存空间。
- 定义在文件作用域的变量可以链接到同一程序的其他文件中，它们在整个程序中可见，称为全局变量，也称为外部链接变量。如果使用了static声明，则该变量不能链接到外部文件，只能在定义它的文件内使用，是文件的私有变量，也称它是内部链接变量。而定义在块语句中的变量是无链接变量。

## 眼下留神

C YUYAN CHENGXU SHEJI JICHU YANXIA LIUSHEN

- 对文件作用域声明的变量，static表示它具有内部链接属性。不论是外部链接变量还是内部链接变量都具有静态存储属性。静态属性的变量自动初始化为零值。
- 可在自动变量前使用关键register声明其为寄存器变量，这一般用于循环控制变量的声明，可提高循环执行速度。是否实际为变量分配寄存器，取决于系统的当前寄存器使用状态。register不用于静态特性的变量声明。
- 具有静态存储属性的变量的存储期是整个程序的执行期。自动变量的存储为块语句执行期，即只有在块语句执行的过程中占有栈内存空间，块语句执行完就释放。有限的栈内存空间可支持大多数程序运行的需要，但过多层次的函数嵌套调用可能致使栈空间不够从而导致栈溢出错误。
- 自动变量可由关键字auto显式声明，但没有必要。auto不能用在具有静态存储属性变量的声明中。

2.栈空间容量有限，当要存储规模大一些的数据对象时，容易发生栈溢出错误，这需要程序员在堆内存区为数据对象分配存储空间。测试下面程序，然后回答其后的问题。

<table>
<tr><td>

```
/* p4.2.3_0 --定义超大变长数组 */
#include <stdio.h>
#include <stdlib.h>
#include <time.h>
int main(void)
{
    typedef unsigned int uint;
    uint pcn;
    scanf("%u",&pcn);
    uint ids[pcn];
    srand(time(NULL));
    for(int i=0;i<pcn;i++)
        ids[i]=rand();
    printf("head:%u  tail:%u",ids[0],ids[pcn-1]);
    return 0;
}
```

</td><td>记录程序的运行结果：</td></tr>
<tr><td>

```
/* p4.2.3_1 --定义超大动态数组 */
#include <stdio.h>
#include <stdlib.h>
#include <time.h>
int main(void)
{
    typedef unsigned int uint;
    uint pcn;
    scanf("%u",&pcn);
    uint *ids;
    ids=(uint *)calloc(pcn,sizeof(uint));
    srand(time(NULL));
    for(int i=0;i<pcn;i++)
        ids[i]=rand();
    printf("head:%u  tail:%u",ids[0],ids[pcn-1]);
    return 0;
}
```

</td><td></td></tr>
</table>

（1）阅读程序 p4.2.3_0，试计算创建10万、100万个int型整数的数组ids需要多少内存空间（以MB为单位）？然后运行程序分别输入要存储的整数个数100000、1000000，执行结果怎么样？这说明什么？数组ids的内存空间从哪里分配？

______________________________

（2）运行程序p4.2.3_1，同样输入要存储的整数个数100000、1000000，该程序的执行结果如何？它能说明什么？描述本程序中为存储数据分配内存空间的方法。该分配的内存空间来自哪种存储区？

______________________________

（3）堆存储区的内存空间由程序员负责分配和回收，在程序代码中找到释放内存空间的语句是什么？如果没有释放由calloc()或malloc()分配的内存空间，可能有什么后果？

______________________________

（4）由calloc()或malloc()分配的内存空间可由多个指针变量引用，在释放分配的内存时，该如何操作呢？以下代码的操作对吗？

```
int *pa1=(int *)malloc(1000*sizeof(int));
int *pa2=pa1;
free(pa2);free(pa1);
```

______________________________

## 眼下留神

C YUYAN CHENGXU SHEJI JICHU
YANXIA LIUSHEN

- 自动变量使用栈内存空间，栈的分配和释放由编译器自动完成，无须程序员手动管理。栈的大小有限（操作系统和编译器共同决定，从几十kB到数MB不等），要避免在栈上分配过大的内存块，以防止栈溢出。
- 堆是用于动态分配内存的区域，可动态扩张或缩减。堆内存的分配和释放由程序员通过malloc()、calloc()、realloc()等函数在堆上手动管理内存分配，并通过free()函数释放内存。
- 在堆上分配的内存空间可当成数组来使用，这就是所谓的动态数组，它的长度可以根据需要动态扩展或收缩，使用动态数组的内存空间利率高。可变长数组（VLA）的长度是在运行期指定的，它一旦建立其长度就固定不能再改变。
- 在函数中创建的动态数组，不仅限于该函数内使用，不会因函数执行结束就销毁掉，只要返回它的地址，在函数外也能正常访问。
- 在管理堆内存时，需要确保及时释放不再使用的内存。如果函数执行结束前，没有释放分配的堆内存，也没有返回它的地址，引用它的是自动指针变量，那么函数执行结束后，将无法再访问这块内存，也不能对其重新分配，除浪费内存空间外，还存在内存泄露的风险。
- 当分配的堆内存有多个指针引用时，只需通过其中一个指针就可正常释放该块内存，一旦释放，其他指针将不能再访问该堆内存了。特别注意，对分配的一块堆内存只能执行一次释放操作，否则将引发未知程序错误。

●除了const、static和auto，C语言标准还定义了限制变量存储类型的关键保留字volatile、restrict和_Atomic。volatile声明的是易变性变量，这种变量往往是多进程（多线程）共享的变量或代表某硬件地址，旨在告诉编译器该变量可能在程序外被修改；restrict用于声明指针变量，告诉编译器该指针是访问指定内存块的唯一方式；_Atomic用于声明并发程序各线程的共享变量，告诉编译器该变量在一个线程没有结束访问之前不可被其他的线程修改。

[任务三] NO.3

# 制定变量使用策略

内存的管理和使用是C程序设计中的大事，它能对程序的逻辑结构和程序的执行效率有直接影响。在程序设计时，不恰当的变量使用，可能导致程序结构混乱，包藏程序漏洞，降低程序质量。分析下面程序，然后回答后面提出的问题。

```
/* p4.2.4 --全局变量还是局部变量 */
#include <stdio.h>
#define fmax(a,b) (a)>(b)?(a):(b)
#define fmin(a,b) (a)<(b)?(a):(b)
float high,low;
int len;
int main(void)
{  float analyzedat(float *);
   float sale[]={56.2,70.1,32.8,109.2,67.2,58.7};
   len=sizeof(sale)/sizeof(float);
   printf("average is %.2f\n",analyzedat(sale));
   printf("High:%.2f     Low:%.2f\n",high,low);
   return 0;
}
float analyzedat(float *td)
{  float total;
   high=low=total=td[0];
   for(int i=0;i<len;i++)
   {  total+=td[i];
```

记录程序的运行结果：

```
            high=fmax(high,td[i]);
            low=fmin(low,td[i]);
        }
        return total/len;
    }
```

（1）程序中的fmax和fmin是定义的宏，其行为像函数，目的是让函数analyzedat()的代码简洁一些。请分析analyzedat()函数实现了哪些功能？它处理的结果是以什么方式传递给main()函数的？

______________________________

（2）全局变量len在程序中起什么作用？使用它可能有哪些问题？

______________________________

（3）如果程序中还有其他函数，它们能不能修改变量high、low、len的值？如果在main()函数中调用了这样的函数，才执行printf("High:%.2f Low:%.2f\n",high,low);能保证得到预期的结果吗？

______________________________

（4）请结合你的学习和实践，谈一谈，在程序中怎样合理使用全局变量和局部变量？

______________________________

## 眼下留神

C YUYAN CHENGXU SHEJI JICHU YANXIA LIUSHEN

- 全局变量可以用于函数之间的数据传递。但程序中的任何函数都可以访问并修改它，这可能引起数据传递的不可靠或不安全，增加程序员的管理难度。
- 全局变量占用内存要等到程序执行结束后才释放。如果大量使用全局变量，就会占用大量内存，从而降低内存的利用率。
- 使用全局变量一方面可提高数据在函数之间的传输效率；另一方面则降低了函数之间的独立性，从而导致程序的可读性降低和维护困难。
- 建议能使用局部变量就不使用全局变量。当确实需要使用全局变量时，程序员必须保证对全局变量的操作清楚可控，且全局变量名不与局部变量同名，避免不必要的混淆。

# ▶ 模块评价

## 实战演练

### 1.填空题

（1）局部变量是指定义在__________、__________中的变量。

（2）在函数外定义的变量其作用域默认是____________________。

（3）变量作用域主要有__________、__________、__________。

（4）形参变量是__________变量。

（5）定义在函数外的变量以及定义在块语句中的静态变量的初值默认是__________。

（6）当全局变量和局部变量同名时，在局部变量的作用域内，使用的是__________。

（7）变量的内存分配管理可由__________或__________负责。

（8）程序员可使用__________、__________、__________函数来分配堆内存空间。

（9）变量的存储期分为__________、__________、__________、__________。

（10）函数外定义的变量具有_______________存储期。

### 2.判断题

（1）main()函数中定义的变量可以在整个程序中使用。（ ）

（2）滥用全局变量会降低函数的独立性，破坏程序逻辑结构。（ ）

（3）程序中，大括号（{}）界定的代码范围是块作用域。（ ）

（4）局部变量与全局变量同名时优先访问的是全局变量。（ ）

（5）编译器既可在栈区也可在堆区为变量分配内存空间。（ ）

（6）不同函数中不可以定义同名变量，因为它们要相互干扰。（ ）

（7）函数外定义的变量默认作用域是整个程序。（ ）

（8）程序员在函数中分配的堆内存，函数结束后将自动释放。（ ）

（9）静态自动变量在块语句结束后不释放其占有的内存空间。（ ）

（10）内部链接变量的作用域是定义它的文件。（ ）

### 3.选择题

（1）在块语句中定义的变量，该变量（ ）。

A.只能在该块语句可见　　B.在程序文件中可见

C.在包含它的函数中可见　　D.不能在块语句中定义

（2）关于变量下述说法不正确的是（ ）。

A.在不同的函数中可以使用相同名字的变量

B.函数中的形式参数是局部变量

C.在函数内定义的变量只在本函数范围内有效

D.在函数内的块语句中定义的变量在本函数范围内有效

（3）编译器不能管理的内存区域是（　）。

A.栈区　　B.文字量区　　C.堆区　　D.静态区

（4）函数中声明的静态变量的存储期是（　）。

A.程序执行期　　B.函数执行期

C.块语句执行期　　D.主函数执行期

（5）下面把变量声明为只读属性的关键字是（　）。

A.const　　B.register　　C.restrict　　D.static

**4.阅读程序**

（1）

```
#include <stdio.h>
int main(void)
{   int m=9,n=8;
    {  int m=19,t;
       t=m; m=n; n=t;
    }
    printf("m=%d  n=%d\n",m,n);
    return 0;
}
```

（2）

```
#include <stdio.h>
float tx;
int main(void)
{  void fround(void);
   tx=12.3567;
   fround();
   printf("%f\n",tx);
   tx=3.1235;
   fround();
   printf("%f\n",tx);
   return 0;
```

```
}
void fround(void)
{  static int calledn;
   int t;
   calledn+=1;
   printf("%d  %f:",calledn,tx);
   t=tx*100+0.5;
   tx=t/100.0;
}
```

## 模块能力评价表

班级________________ 姓名__________ 年 月 日

| 核心能力 | 评价指标 | 自我评价（掌握程度） | |
|---|---|---|---|
| | | 基础知识 | 基本技能 |
| 变量的作用域 | ●能描述变量的作用域<br>●知道变量作用域的类别<br>●知道函数内外定义的变量所属作用域<br>●知道函数内外定义的变量的连接性<br>●知道函数名同名时的访问规则 | ○○○○○<br>○○○○○<br>○○○○○<br>○○○○○<br>○○○○○ | ○○○○○<br>○○○○○<br>○○○○○<br>○○○○○<br>○○○○○ |
| 变量的存储期 | ●能描述变量的存储期及类别<br>●能判别变量的存储期<br>●能描述不同变量的内存分配管理机制<br>●知道栈内存的使用限制<br>●知道堆内存的使用规则 | ○○○○○<br>○○○○○<br>○○○○○<br>○○○○○<br>○○○○○ | ○○○○○<br>○○○○○<br>○○○○○<br>○○○○○<br>○○○○○ |
| 使用变量的策略 | ●能描述全局变量对程序的影响<br>●知道使用全局变量的优缺点<br>●能权衡全局变量和局部变量的选用 | ○○○○○<br>○○○○○<br>○○○○○ | ○○○○○<br>○○○○○<br>○○○○○ |
| 其他 | | | |
| 综合评价： | | | |

NO.5

# 实施数据持久化存储

程序在运行中使用内存来存储从输入源获得的数据，保存程序当前状态。但内存是一种易失性的存储介质，当应用程序关闭或计算机意外关闭时，这些数据会被清除。为了能在程序重新启动时可以恢复这些数据或把程序处理的结果数据存档或传输到其他程序中进行再处理，都需要将程序运行时的数据保存到磁盘、固态盘、磁带等非易失性存储介质中，这就是数据的持久化存储。数据持久化技术允许应用程序将数据写入外部存储器，并在需要时重新读取。它是任何一个软件系统的核心功能之一。数据持久化可以在应用层和系统层上实施，应用层是指关闭应用程序然后重新启动，先前的数据依然存在；系统层则是指关闭系统后重新启动，先前的数据依然存在。数据库技术、序列化技术和文件系统是数据持久化的不同形式，数据库提供了结构化存储方式，序列化技术则是把程序对象及运行状态转换成二进制字节流保存或传输，但不管是哪种数据持久化形式最终都依赖外部存储器上文件的创建与读写。数据持久化可以增加应用程序的可靠性和稳定性，减少开发人员的工作量，并提供更好的数据管理和安全性。

## 本部分内容涵盖：

- 文件与文件流
- 文件的访问模式
- 文件缓冲操作
- 文件读写操作

# 模块一 / 创建磁盘文件

磁盘是计算机系统主要的外部存储设备，即便是大型数据中心的存储系统（如云盘）都是由一块块硬盘搭建起来的，因此，数据持久化存储的形式几乎都是磁盘文件。文件（file）是指存储在外部存储器中的数据集合。为简化对文件的访问，磁盘上的文件都有一个名称（文件名），文件名命名规则由操作系统的文件系统规定。文件系统为管理文件生成一个文件控制块（file control block，FCB），其中除了记录文件名，还包括文件在磁盘上的物理地址，数据组织的逻辑结构和物理结构，文件创建、修改、访问的日期时间，文件的访问权限，文件是否锁定、是否被改写等影响文件操作的控制信息。在文件系统中文件的数据与文件控制块是分开存储的，文件的FCB组成文件目录，一个文件的FCB就是一个目录项。文件系统下的文件种类繁多，总的来看可分为文本文件和文档文件两大类，文本文件存储文字量数据，文档文件存储目标程序、图像、声音、视频、邮件等数据，它们有着为各种目的而设计的复杂存储结构。不过在C语言中，任何文件都可以视为字节的序列。学习完本模块后，你将能够:

+ 描述C语言视觉下的文件类型；
+ 能描述文件与文件流的关系；
+ 描述文本文件的存储结构；
+ 描述二进制文件的存储结构；
+ 解释文件访问的模式；
+ 创建、打开、关闭文件。

NO.1

# [ 任务一 ]

# 认识文件

文件泛指存储在硬盘、固态盘、U盘中的数据集合。外部存储器中的文件数据与内存中的数据同样是二进制数形态的，它们只是表示方式不同而已，因此，所有文件都是一个字节序列。C语言定义的文件类型在于对文件字节序列的解释不同，如果每个字节代表的是可打印的字符，这个文件就是文本文件，否则就是二进制文件。

标准输入来自键盘，标准输出去向显示器。操作系统把输入输出设备都当成文件处理，键盘是输入文件，显示器是输出文件。C语言的标准I/O函数并不要求输入必须是键盘，输出必须是显示器，通过操作系统的文件重定向功能可以用文件取代键盘、显示器。按要求测试下面的程序，然后回答其后的问题。

```
/* p5.1.1 – – 标准I/O重定向     */
#include <stdio.h>
int main(void)
{
   int ch;
   while((ch=getchar())!=EOF)
      putchar(ch);
   return 0;
}
```

记录程序的运行结果：

（1）在Code::Blocks中按快捷键Ctrl+F9构建程序生成p5.1.1.exe可执行文件。打开命令行窗口，切换当前目录到存储文件的目录，然后输入命令“p5.1.1 > redirecting.txt”输入几行文字并按Ctrl+Z结束，然后执行命令“type redirecting.txt”查看文件数据，观察输出结果，如下图所示。文件中的数据是谁写入的？这说明了什么？

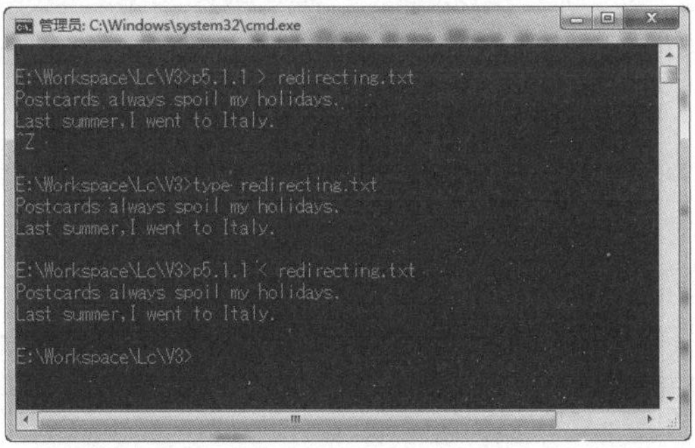

```
管理员: C:\Windows\system32\cmd.exe

E:\Workspace\Lc\V3>p5.1.1 > redirecting.txt
Postcards always spoil my holidays.
Last summer,I went to Italy.
^Z

E:\Workspace\Lc\V3>type redirecting.txt
Postcards always spoil my holidays.
Last summer,I went to Italy.

E:\Workspace\Lc\V3>p5.1.1 < redirecting.txt
Postcards always spoil my holidays.
Last summer,I went to Italy.

E:\Workspace\Lc\V3>
```

（2）在命令行执行命令“p5.1.1 < redirecting.txt”，程序的执行过程和输出结果能说明什么？

______________________________

（3）在执行命令p5.1.1 > redirecting.txt时，程序中的输出语句putchar(ch);输出的字符到哪里去了？符号“>”发挥了什么作用？

______________________________

（4）在执行命令p5.1.1 < redirecting.txt时，程序中的getchar()函数从哪里读取字符？符号“<”发挥了什么作用？

______________________________

（5）命令p5.1.1 > redirecting.txt和p5.1.1 < redirecting.txt执行时，字符一个接着一个写入或读出redirecting.txt，把它们比作字符或字节流是不是很形象？谈一谈你的想法，并为这两个方向的字符或字节流动取一个恰当的名字。

______________________________

（6）结合程序代码，你能猜出在命令窗口输入文字时最后一行输入的^Z（注意，这是按Ctrl+Z生成的，不是输入一个^和Z两个字符）代表什么？它与代码中的符号EOF有什么关系呢？

______________________________

## 日积月累

C YUYAN CHENGXU SHEJI JICHU
RIJIYUELEI

- C语言把文件看成存储在外部存储介质上的连续字节序列。如果文件的每个字节可解读为可打印的字符，则该文件是文本文件（text file），否则是二进制文件（binary file）。
- 在操作系统中，符号“>”是输出重定向运算符，它把标准输出重定向输出到磁盘文件中；符号“<”是输入重定向运算符，它把磁盘文件的数据重定向到键盘的输入缓冲区，从而代替键盘输入数据。
- C语言用流（stream）来形象指代文件数据的字节序列。对文本文件称字符流，而对二进制文件则称字节流。在程序中，流是描述文件的一种抽象数据结构，通过流可以完成文件的所有操作。执行写文件操作的流称为输出流，执行读文件操作的流则为输入流。
- 为标记文件数据的结束，需要在文件尾存储一个特殊字符EOF（end of file），称为文件结束符。EOF不应取有效字符的值，它在stdio.h中被定义为-1。除了文件尾，文件的典型位置还有文件头和当前位置，文件头位置以整数0表示，当前位置是正在读写的地方，表示为从文件头到读写处的字节偏移量。
- 不同操作系统中文本文件的行结束符各不相同，Windows、Linux/Unix和OS X分别是'\r''\n'、'\n'、'\r'。C语言标准输入输出函数自动完成在C语言和各系统换行符之间的转换。

**眼下留神** C YUYAN CHENGXU SHEJI JICHU YANXIA LIUSHEN

- 磁盘文件是数据持久化（persistence）的基本形式。数据库和对象序列化都依赖磁盘文件实现。
- C语言提供的标准输入输出函数屏蔽了不同操作系统和I/O硬件的差异，使用程序以一致的方法在不同的系统中读写不同的I/O硬件设备，简化了数据的输入和输出操作。
- 对于标准输入（stdin），在Windows系统中按Ctrl+Z模拟EOF，而在Linux/Unix系统下按Ctrl+D模拟EOF。注意都必须在新行的开始处按键。
- 文本文件和二进制文件保存的数据都是二进制形式的，都可以访问每个字节。文本文件中每个字节表示的是可打印字符；对于二进制文件要根据写入数据的类型来解释一个或多个连接的字节的意义，如连续的4个字节，它可以是4个字符或者一个int整数，或是一个float型浮点数。
- EOF并不是一个可以在文件中找得到的字符，它只是一个标记文件尾的值，大多数系统中EOF定义为-1，也可能有定义为其他值的可能。因此，建议在检测文件尾时使用EOF符号标记，而不直接用-1。

NO.2 ［任务二］

# 初试文件操作

要把内存中的数据保存到磁盘中，首先需要创建相应的文件，要访问已存的文件就需要先打开文件。下面的程序展示了如何新建文件、打开文件，以及检测新建、打开文件操作是否成功执行。阅读程序并按要求完成测试，然后回答其后相关的问题。

```
/* p5.1.2 - - 文件基础操作      */
#include <stdio.h>
#include <conio.h>
int main(void)
{
   char *fname1="mess.txt";
   char *fname2="info.dat";
   FILE *pf1,*pf2;
   if((pf1=fopen(fname1,"w"))==NULL)
```

记录程序的运行结果：

```
        printf("Fail to create %s!\n",fname1);
    else
    {
        printf("Do more on %s!\n",fname1);
        printf("Press any key to continue...");
        getch();
        fclose(pf1);
        pf1=NULL;
        remove(fname1);
    }
    if((pf2=fopen(fname2,"rb"))==NULL)
        printf("\nFail to open %s!\n",fname2);
    else
        printf("\nDo more on %s!\n",fname2);
    return 0;
}
```

（1）分析程序代码，fopne()函数的第一个参数提供文件名称字符串，它的第二个参数"w"表示可写入，"r"表示从文件读取数据，根据这些信息，你能猜出fopne()函数的功能吗?

______________________________

（2）运行程序，从结果来看哪个文件打开失败了？为什么？请找出可能的原因。

______________________________

（3）在打开文件时为什么要检查文件是否正确打开？fopen()函数成功打开文件后返回的是什么类型的数据？在程序中它代表什么?

______________________________

（4）想一想，在使用Code::Blocks完成程序代码编辑后，需要保存并关闭编辑的源文件。在程序中找出关闭文件的语句并说明它的作用。

______________________________

（5）执行程序在出现“Press any key to continue...”时，打开程序文件所在目录查看是否创建了文件mess.txt？按下任意键后，再查看程序文件所在目录mess.txt文件还有吗？这说明语句remove(fname1);有什么作用?

______________________________

（6）请执行程序p5.1.1，输入几行字符，根据程序执行结果，你发现getchar()函数在输入字符时，是输入一个读取一个，还是输入一行直到按回车键才开始读取字符？你认为按回车键前输入的字符存储在哪里？这样处理有何优点?

______________________________

## 日积月累

C YUYAN CHENGXU SHEJI JICHU RIJIYUELEI

●C语言通过标准函数fopen()来为文件的读写打开文件，fopen()接受一个文件名称字符串和代表文件访问模式来建立或打开文件，同时为文件建立缓冲区和一个FILE结构类型的对象（代表打开的文件流），并返回FILE结构对象的指针。

●FILE结构类型描述打开文件的相关信息，其中_file成员是文件描述符，它是操作系统维护的已打开文件列表（相当于一个数组）的索引，文件列表中的一个元素就是打开文件的文件控制块（FCB），系统通过FCB实现文件的相关操作。所以程序就可以通过fopen()返回的FILE指针来操作文件。

●在创建或打开文件时必须确定是读还是写文件，是按字符方式还是二进制方式读写文件，文件的读写操作特性称为文件访问模式，见下表。

| 模　式 | 说　明 |
|---|---|
| "r" | 以只读方式打开文件，文件不存在则打开失败 |
| "w" | 以写方式打开文件，文件不存在则新建，如文件存在，则删除文件原有数据 |
| "a" | 以写方式打开文件，文件不存在则新建，如文件存在，则在文件尾追加数据 |
| "r+" | 以读写方式打开文件，其他则用"r" |
| "w+" | 以读写方式打开文件，其他则用"w" |
| "a+" | 以读写方式打开文件，其他则用"a" |
| "wx" | 同"w"，如果文件存在或以独占方式已打开，则打开文件失败 |
| "w+x" | 同"w+"，如果文件存在或以独占方式已打开，则打开文件失败 |

注：表中模式默认是文本模式，后缀字母b将使用二进制模式，如："rb""wb""ab""r+b""w+b""a+b"等。

●文件读写默认使用缓冲操作，缓冲区是在内存中开辟的一块存储区域，或者专门设置的高速存储器。缓冲区可平衡数据源、目两端设备处理数据的速度差异，提高数据处理效率，还可以在数据读写前进行修改。缓冲区分为完全缓冲（_IOFBF），数据块可以任意大小读写；行缓冲（_IOLBF）以换行符确定数据分块；无缓冲（_IONBF）逐个传递字符，如getch()函数。

●函数remove()的作用是删除指定的文件，rename()的作用是把第一个参数指定的文件名改成第二个参数表示的文件名。这两个函数执行前必须关闭文件。

## 眼下留神

C YUYAN CHENGXU SHEJI JICHU YANXIA LIUSHEN

- C语言程序会自动打开3个标准文件并创建它们的缓冲区，它们是代表键盘输入的stdin、代表显示器输出的stdout和标准错误输出的stderr。其中错误信息立即输出，所以stderr是无缓冲的。stdin和stdout使用行缓冲。
- FILE结构数据对象是受保护的，它的成员不能像普通结构成员那样访问。如pf是引用FILE结构数据对象的指针，不能用pf->_file形式访问文件描述符，只能使用特定的函数来访问，fileno(pf)返回成员_file的值。标准输入输出流stdin、stdout和stderr的_file值分别是0、1和2。
- 由于存储设备故障，或者指定的文件不存在（包括路径错误）都可能让fopen()函数不能成功新建或打开文件，此时fopen()函数返回空指针NULL，因此在程序中必须检查fopen()返回值来确定文件是否成功打开。
- 文件操作完毕必须调用fclose()函数关闭文件，在关闭文件时，系统将把缓冲区中修改了的数据保存到文件中，以防数据损坏或丢失。
- 程序中使用无回显的getch()函数来实现暂停执行，按键继续的功能，也可以调用声明在stdlib.h的system()函数执行系统命令pause来实现相同功能，即system("pause")，还可以调用声明在unistd.h中的sleep()函数让程序休眠指定的秒数再继续，如执行sleep(5)让程序暂停5秒后继续执行。

# ▶ 模块评价

## 实战演练

### 1.填空题

（1）文件是指存储在外部存储介质上的__________。文件由__________和__________两部分组成且分开存储。

（2）所有文件本质上都是____________________，根据对字节解释不同，C语言把文件分为__________文件和__________文件两种。

（3）C语言把具有输入或输出功能的设备都视为__________。数据的输入输出就是字节的连续移动，因此，把文件也称为__________。磁盘文件既是__________，也是__________。

（4）使用文件前，必须先使用__________函数打开，成功打开文件返回__________类型的指针，否则返回__________。使用完毕后，应使用__________函数关闭。

（5）文件缓冲的类别有__________、__________、__________3种。

（6）文件的结束符是__________，在Windows环境下，按__________模拟键盘输入结束。

（7）以__________模式打开的文件，可执行读写操作，但只能在文件尾增加数据。

（8）FILE是描述文件的__________。通过FILE指针在程序中执行文件的__________。

**2.判断题**

（1）stdin是表示键盘设备文件的文件名。（ ）

（2）不正确关闭文件，可能导致文件的数据丢失。（ ）

（3）文本文件存储的是字符，二进制文件存储的是字节。（ ）

（4）文件在外部存储器中保存了程序写入的数据。（ ）

（5）标准错误输出stderr是非缓冲的输出流。（ ）

**3.选择题**

（1）定义文件指针正确的是（ ）。

A.FILE fp; B.FILE *fp;

C.File fp; D.File *fp;

（2）下列访问模式支持读写操作的是（ ）。

A."r+" B."w" C."a" D. "wx"

（3）下面代表输入流的是（ ）。

A.FILE B.stderr C.stdout D.stdin

（4）关于文件的说法不正确的是（ ）。

A.文件中的数据可视为连续的字节序列

B.文本文件与二进制文件在存储数据上没有质的区别

C.文件中保存了8个字节的数据，说明它保存了8个字符

D.文件的读写是在文件缓冲区中进行，而不直接在磁盘上进行

（5）文件尾结束符是（ ）。

A.\n B.\r C.\r\n D.EOF

**4.编写程序**

（1）以读写模式新建文件note.txt，并检查文件是否成功创建，然后把该文件名改成impnote.dat。

（2）以只读模式打开文件note.txt，检查文件是否打开，如果打开失败，则直接退出程序。

## 模块能力评价表

班级__________________ 姓名______________ 年 月 日

| 核心能力 | 评价指标 | 自我评价（掌握程度） | |
| --- | --- | --- | --- |
| | | 基础知识 | 基本技能 |
| 认识文件 | ●能解释文件的概念和C语言文件的类型<br>●能说出标准文件代表的设备<br>●能描述文件与流的关系<br>●能描述文件尾标记符的定义<br>●能在标准输入流中模拟EOF | ○○○○○<br>○○○○○<br>○○○○○<br>○○○○○<br>○○○○○ | ○○○○○<br>○○○○○<br>○○○○○<br>○○○○○<br>○○○○○ |
| 创建文件 | ●能描述文件访问模式代表的操作<br>●会使用fopen打开文件<br>●能描述FILE指针的作用<br>●能描述3种文件缓冲的特性<br>●能判断是否成功打开了文件<br>●能实施文件更名和删除文件 | ○○○○○<br>○○○○○<br>○○○○○<br>○○○○○<br>○○○○○<br>○○○○○ | ○○○○○<br>○○○○○<br>○○○○○<br>○○○○○<br>○○○○○<br>○○○○○ |
| 其他 | | | |
| 综合评价： | | | |

# 模块二 / 读写文件

在数据处理中，如果数据只能从键盘输入，将导致极低的处理效率。通常是把采集的数据存储到文件中，通过文件向数据处理程序输入数据，处理后的数据也存储到文件，可作为进一步处理的数据源，或作为资源长期保存，因此，文件既是数据源，也是数据目的地。在程序中对文件最频繁的操作就是读写操作，C语言提供了一批标准文件读写函数，通过它们可以对文件执行丰富多样的读写操作。学习完本模块后，你将能够：

+ 以字符为单位读写文本文件；
+ 按行读写文件；
+ 格式化文件的输入输出；
+ 以数据块方式读写文件。

[ 任务一 ]

NO.1

# 读写文本文件

文本文件是最简单的数据文件，文件存储的字节序列中每个字节都可以解释成有效的字符，文件中的行以换行符结尾。因此，文本文件可以按字符读写，也可以按行读写。

1.下面程序输入一篇英语短文，保存到smsg.txt文件中，然后再从文件中逐字符读出并输出到屏幕上。阅读程序代码并按要求操作，然后回答其后提出的问题。

```
/* p5.2.1 - - 读写文本文件      */
#include <stdio.h>
int main(void)
{
   FILE* pft;
   int ch;
   char fname[]="smsg.txt";
   if((pft=fopen(fname,"w"))==NULL)
   {  printf("Fail to open %s!\n",fname);
      return 1;
   }
   else
        while((ch=getchar())!=EOF)
         fputc(ch,pft);
   fclose(pft);
   pft=fopen(fname,"r");
   while((ch=fgetc(pft))!=EOF)
         putchar(ch);
   fclose(pft);
   return 0;
}
```

记录程序的运行结果：

（1）执行程序输入一篇短文，根据运行结果，分析程序执行的过程和实现的功能，并在代码中圈出相应的功能代码。

______________________________________________

（2）程序是怎样把从键盘输入的文本数据写入文件的，找到实现代码并分析它的执行过程。

______

（3）找到从文件中读入字符数据的语句，分析其执行过程。

______

（4）程序处理的是字符数据，为什么存储字符的变量却定义为int型？在第二次打开文件时没有执行是否成功打开文件的检测操作，这是有风险的。你知道会有什么风险吗？请你添加相应的检测和处理代码。

______

（5）本程序有两次打开文件的操作，这两次操作的目的分别是什么？能不能只需要一次打开文件就可以实现文件先写入后读取的操作？试一试，注意文件的读写位置会随着读写的进行从文件首移到文件尾，如有需要可用函数rewind()把文件的读写位置重置到文件首。

______

（6）程序中fputc(ch,pft)和fgetc(pft)函数是把字符一个个直接写入磁盘文件里？还是把字符逐个从文件中读取出来的？为什么？

______

（7）程序fputc()与putchar()功能都是输出一个字符，你认为fputc()函数可以向屏幕输出吗？同样用fgetc()能实现getchar()的功能吗？试一试，修改相应代码并测试。

______

（8）如果要把文件保存到D盘的lcdoc目录中，应怎样设计文件名？

______

2.文本文件可以字符串为单位执行读写操作。阅读并测试下面程序（省略了检测文件打开的相关代码），然后解决其后设置的问题。

```
/* p5.2.2 ——以字符串为单位读写文本文件 */
#include <stdio.h>
#include <conio.h>
#define LEN 256
int main(void)
{
   FILE* pft;
   char ps[LEN];
   char fname[]="strmsg.txt";
```

记录程序的运行结果：

```
    pft=fopen(fname,"w+");
    while(gets(ps)!=NULL)
        fputs(ps,pft);
    printf("Press any key...\n");
    getch();
    rewind(pft);
    while(fgets(ps,LEN,pft)!=NULL)
        puts(ps);
    fclose(pft);
    return 0;
}
```

（1）执行程序输入若干行文字，在出现“Press any key…”时，用记事本或其他文本编辑器打开strmsg.txt文件，你看到了输入的文字吗？为什么？在printf("Press any key...\n");前添加fflush(pft);语句，重新执行程序，仍然在出现“Press any key…”时去查看文件内容，这次看到了什么？据此，你能说出fflush()函数的功能吗？

________________________________________

（2）按下任意键继续执行程序，输出的结果与你的预期相符吗？再次用文本编辑器打开strmsg.txt文件，文件中的数据与输入的数据一致吗？能分析其中的原因吗？想一想，函数gets()（使用gets(ps)不安全，可用gets_s(pf,LEN)替换）读入了换行符吗？

________________________________________

（3）把gets(ps)替换成fgets(ps,LEN,stdin)可以接受键盘输入吗？试一试，这次从文件读入的字符串输出达到你的预期了吗？从结果来看fgets(ps,LEN,stdin)有没有连同换行符一并读入到字符串中？

________________________________________

（4）把puts(ps);语句换成fputs(ps,stdout);输出结果符合要求了吗？fputs()函数在输出字符串后会不会自动换行？

________________________________________

## 日积月累

C YUYAN CHENGXU SHEJI JICHU
RIJIYUELEI

●函数fputc()向指定的文件写入一个字符，成功写入返回写入的字符，出错则返回EOF；fgetc()从指定的文件读取一个字符，成功读取返回字符的整数编码，到达文件尾返回EOF。

●函数fputs()把字符串写入文件，'\0'不写入，正常写入返回正整数，否则返回EOF。fgets()从文件读取字符串，读到换行符'\n'或已读入“指定长度-1”个字符结束，换行符会读入字符串中，成功读入返回接收字符串的指针，否则返回NULL。

●文件读写是在文件缓冲区进行的，当缓冲区填满或执行fflush()主动刷新以及关闭文件时，系统将缓冲区中的数据实际写入文件。

眼下留神 C YUYAN CHENGXU SHEJI JICHU YANXIA LIUSHEN

●由于gets()或gets_s()未读入换行符，所以它们读入的字符串由fputs()写入文件后就连成一个字符串。建议用fgets()代替gets()或gets_s()读取键盘输入，而用fputs()替代puts()向屏幕输出。

●在fopen()函数中指定文件访问模式时，要使用小写字母形式。在指定文件名的路径时，分隔符要写成双反斜线（\\）。

●把文件访问模式设置为二进制文件访问模式，不影响对字符的读写，因为文本文件本就是字节序列文件。字符输入输出标准函数总是把一个字节当成一个字符对待而已。

NO.2 [ 任务二 ]

# 格式化读写文件

如果要存储的数据中有整数和浮点数，C语言使用标准格式化输入输出函数可以把非字符型数据转换成字符数据，然后存储到文件中。下面程序把一个学生的姓名、年龄、身高、体重等数据存储到文件中，然后从文件中读出并输出到屏幕上。阅读程序并回答其后的问题。

```
/* p5.2.3 - - 格式化读写文本文件  */
#include <stdio.h>
#include <conio.h>
int main(void)
{  typedef struct{
      char name[8];
```

记录程序的运行结果：

```
        int age;
        float height,weight;
    }btest;
    btest pin={"Anne",18,1.72,56.0},pout;
    FILE* pf;
    char fname[]="btdata.txt";
    pf=fopen(fname,"w+");
    fprintf(pf,"%s ",pin.name);
    fprintf(pf,"%d %f %f\n",pin.age,pin.height,pin.weight);
    printf("Press any key...\n");
    getch();

    rewind(pf);
    fscanf(pf,"%s",&pout.name);
    fscanf(pf,"%d",&pout.age);
    fscanf(pf,"%f %f",&pout.height,&pout.weight);

    printf("    Name:%8s\n",pout.name);
    printf("     Age:%8d\n",pout.age);
    printf("Height:%8.2f\n",pout.height);
    printf("Weight:%8.1f\n",pout.weight);
    fclose(pf);
    return 0;
}
```

（1）运行程序，根据执行结果在程序中圈出数据写入文件、从文件读取和输出到屏幕的语句并标注，然后分析程序的执行过程。

______________________________________________

（2）比较fprintf()和printf()函数的异同，能否用fprintf()实现printf()的功能？同样对比fscanf()与scanf()函数，写出fscanf()替代scanf()的方法。

______________________________________________

（3）请描述fscanf()要能正确读取fprintf()写入文件的数据，应该满足什么要求？

______________________________________________

**眼下留神** C YUYAN CHENGXU SHEJI JICHU YANXIA LIUSHEN

- 文件格式化输入输出函数fscanf()和fprintf()使用方法与标准格式化输入输出函数scanf()和printf()相似，区别在于fscanf()和fprintf()的第一个参数必须指明输入或输出的文件。
- fprintf()函数把各种类型的数据通过格式控制转换说明符转换成可视的字符序列，然后写入指定的文件存储。fscanf()则从文件中读取字符序列并通过格式控制转换说明符转换成相应类型的数据存入变量，以供后续处理。
- fscanf(stdin,…)实现的是scanf()的功能，fprintf(stdout,...)与printf()功能相同。
- fscanf()和fprintf()配合使用，二者要保持格式控制字符串相同，fscanf()才能正确读取fprintf()写入文件中的数据。
- 标准格式化输入输出函数也有安全版本，它们是fscanf_s()和fprintf_s()，除了第一个参数是文件指针外，其余参数同scanf_s()和printf_s()。

NO.3

[ 任务三 ]

# 读写二进制文件

不是所有的数据都适合用文本文件存储，比如：图形、图像、声音、视频等数据就不宜转换成字符形式存储，因为它们不像文本数据那样可以用可视的字符来表示，在存储时最好直接保存它们在内存中的二进制数据形式。当然文本数据也可以保存为它的二进制形式。

1.下面的程序把一串字符以二进制模式写入文件，然后再读取一个字符数组并输出到屏幕上。测试并分析程序的执行过程，结合运行结果思考并回答其后的问题。

```
/* p5.2.4 - -读写二进制文件   */
#include <stdio.h>
#include <conio.h>
int main(void)
{
    char ftype[]="Binary File";
    char rftype[256];
```

记录程序的运行结果：

```
    char fname[]="ftype.dat";
    FILE *pf;
    pf=fopen(fname,"wb+");
    fwrite(ftype,sizeof(char),sizeof(ftype)/sizeof(char),pf);
    printf("Press any key...\n");
    getch();
    rewind(pf);
    fread(rftype,sizeof(char),sizeof(ftype)/sizeof(char),pf);
    puts(rftype);
    printf("Press any key...\n");
    getch();
    fseek(pf,0,SEEK_SET);
    fscanf(pf,"%[]",rftype);
    puts(rftype);
    return 0;
}
```

（1）执行程序，记录程序的输出结果，体验程序的执行过程。程序中文件ftype.dat是以什么访问模式创建的？访问模式改成"w+b"对程序结果有影响吗？

---

（2）函数fwrite()的功能就是把数据在内存中的二进制数据形式直接写入文件中，它有几个参数？根据程序中调用fwrite()的实参定义，描述各个参数的作用。注意第2、第3个参数表达的意义。

---

（3）函数fread()的功能和fwrite()相反，它读取文件中保存的二进制数据并传输到指定的内存块中，请分析它的作用。

---

（4）程序中分两次读文件，第1次执行rewind(pf)把当前读写位置重置到文件首，第2次执行的是fseek(pf,0,SEEK_SET);它的作用是否与rewind(pf)相同？你认为fseek()可以把读写位置定位到文件的任意位置吗？

---

（5）第2次采用了什么读取方法？能成功读取先前保存的数据吗？为什么？

---

## 日积月累

C YUYAN CHENGXU SHEJI JICHU RIJIYUELEI

- fwrite()函数实现二进制数据块写入操作，它第1个参数是数据块所在的内存地址，第2、第3个参数分别指定每个数据块的大小和要写入的数据块的数量，第4个参数指定文件指针。fread()实现二进制数据块写入操作，参数意义与fwrite()相同。
- fseek()函数的作用是定位文件中的读写位置。第3个参数设置参考位置，它有3个位置用符号标记指定，SEEK_SET（文件首），SEEK_CUR（当前读写位置），SEEK_END（文件尾）。第2个参数是long型值指定相对参考位置的偏移量。
- ftell()函数返回一个long型值表示相对于文件首的当前读写位置。配合fseek()方便实现随机读写文件的任意部分。
- 无论字符是按二进制方式写入还是按字符方式写入文件，文件中存储的都是字符编码的二进制字节序列。因此，对于字符来说无论是以字符方式写入还是二进制方式写入，文件中的字节序列都是相同的。

2.整数或实数以格式化输入文件时，存储的是它们的可视字符序列，而以二进制方式写入文件时，存储的则是它们在内存中的二进制数据形式。阅读并测试下面程序，然后回答其后提出的相关问题。

```
/* p5.2.4 - -读写数值二进制文件  */
#include <stdio.h>
#include <conio.h>
int main(void)
{
    unsigned short sn=299,snb=0;
    double dx=37.93,dxb=0.0;
    char fname[]="value.dat";
    char fcname[]="cvalue.txt";
    char dc;
    FILE *pf,*pfc;
    pf=fopen(fname,"wb+");
    pfc=fopen(fcname,"w");
    fwrite(&sn,sizeof(unsigned short),1,pf);
    fwrite(&dx,sizeof(double),1,pf);
    fprintf(pfc,"%hu %f\n",sn,dx);
```

记录程序的运行结果：

```
    printf("Press any key...\n");
    getch();
    rewind(pf);
    fread(&snb,sizeof(unsigned short),1,pf);
    fread(&dxb,sizeof(double),1,pf);
    printf("snb=%u   dxb=%f\n",snb,dxb);
    printf("Press any key...\n");
    getch();
    fseek(pf,0,SEEK_SET);
    while((dc=fgetc(pf))!=EOF)
       fputc(dc,stdout);
    fclose(pf);
    return 0;
}
```

（1）执行程序，记录程序的输出结果，体验程序的执行过程。在程序中圈出读写文件的相关语句。程序中向value.dat和cvalue.txt两文件写入的数据是否相同？使用文本编辑器打开它们比较其中的内容，你有何发现呢？

________________________________________

（2）数值299和37.93在文件cvalue.txt中存储时，它们各占多少字节，每个字节是什么内容？它们在文件value.dat中存储时，各占多少字节？能处理它们的单个字节吗？试比较两种方式存储空间的占用特性？

________________________________________

（3）程序的while语句的功能是什么？其输出的结果可读吗？为什么？

________________________________________

3.二进制文件应用非常广泛，可执行程序文件、多媒体数据文件、办公文档文件等都显得是二进制文件。阅读并测试下面程序，体验二进制文件在数据处理中的应用。

```
/* p5.2.5 --应用二进制文件   */
#include <stdio.h>
#include <conio.h>
int main(int argc, char *argv[])
{    struct Score{
```

记录程序的运行结果：

```
            char sno[8];
            float chs, mth, eng;
    };
    typedef struct Score score;
    FILE * pf;
    score cls1[6]={   {"2022j101",56.0,78.0,66.9},
                      {"2022j126",76.0,71.0,90.0},
                      {"2022j191",69.0,61.0,80.0},
                      {"2022j122",99.0,76.0,82.0},
                      {"2022j231",59.0,59.0,87.0},
                      {"2022j365",79.0,68.0,75.0}
    },cls2[6];
    pf=fopen("cls1.dat","w+");
    for(int i=0;i<6;i++)
            fwrite(cls1+i,sizeof(score),1,pf);
    printf("Press any key...\n");
    getch();
    rewind(pf);
    for(int i=0;i<6;i++)
            fread(cls2+i,sizeof(score),1,pf);
    printf("%10s%6s%6s%6s\n","sno","chs","mth","eng");
    for(int i=0;i<6;i++)
    {       printf("%10s",cls2[i].sno);
        printf("%6.1f%6.1f%6.1f\n",cls2[i].chs,cls2[i].mth,cls2[i].eng);
    }
    fclose(pf);
    return 0;
}
```

（1）分析程序执行过程，试写出程序运算结果并与程序实际运行结果进行对比。

（2）试一试，只读取指定学号（sno）的语文（chs）、数学（mth）和英语（eng）的数据并输出？

（3）你认为可以用文本编辑器打开查看cls1.dat文件中保存的数据吗？为什么？

**眼下留神** C YUYAN CHENGXU SHEJI JICHU YANXIA LIUSHEN

- 非数值数据以二进制模式写入文件后，如果按字符读取输出，看到的是一堆乱码，因为不是它的每个字节都能转换成可打印字符。
- 二进制读写模式适合于数据块的读写，常用结构来组织数据块。在提供数据块大小时，建议用sizeof运算符自动获取。
- 二进制文件中的数据是连续的字节序列，不像文本文件那样数据之间可以设置分隔字符。因此，每次读取的一定是写入时的整块数据，否则读入的可能不是期望的数据。
- 一般约定文本文件后缀名为txt，二进制文件的后缀名为dat。不过这不能作为C语言程序识别文件访问模式的依据。

# ▶ 模块评价

## 实战演练

### 1.填空题

(1) 文本文件中存储的每个字节都是__________。

(2) linux系统中文本文件的换行符是________，Windows系统中是________。

(3) 与putchar(ch);功能相同的fputc()函数调用的是________________。

(4) fgets()函数读到文件尾时，返回值是________。

(5) 执行________函数能把缓冲区中的数据实际写入文件。

(6) 有int x=60006;则执行fprintf(pf,"%d",x);后，x的值在文件中占_______字节。

(7) 与rewind(pf);等价的语句是________________。

(8) fwrite()函数写到文件的是数据在内存中的________形式的数据。

### 2.判断题

(1) 函数fputs()把字符串写入文件时，连同字符串的结束符也写入文件。 (  )

(2) 函数fgets()会把文件中的换行符也读入内存中。 (  )

(3) 函数fputc()、fputs和fprintf()把数据直接写入磁盘中的文件。 (  )

(4) 对于字符数据，文件的访问模式不影响字符数据的读写。 (  )

(5) fputs()在输出字符串时，遇到'\0'时输出'\n'。 (  )

(6) 二进制标准输入输出函数需要的数据必须用指针指定。 (  )

(7) 文件中的读写位置以与参考位置的偏移量来表示。 (  )

（8）文本编辑器打开二进制文件看到的是一堆乱码。（ ）

**3.选择题**

（1）欲在d盘根目录下的ldata目录中建立文件btstd.txt，则在程序的文件名字符串应写成（ ）。

A."d:\ldata\gtstd.txt"　　B."d:\\ldata\\gtstd.txt"

C."d:/ldata/gtstd.txt"　　D."d://ldata//gtstd.txt"

（2）以下不是文件读写位置参考位置的是（ ）。

A.SEEK_SET　　B.SEEK_CUR　　C.SEEK_END　　D.SEEK_POS

（3）下面不是按字符读写文件的函数是（ ）。

A.fgetc()　　B.fscanf()　　C.fgets()　　D.fread()

（4）函数fgets()读到文件尾时，其返回值是（ ）。

A.NULL　　B.EOF　　C.\n　　D.\0

（5）函数fread()从文件读入数据时，它的第1个参数必须是（ ）。

A.变量名　　B.结构名　　C.指针　　D.数组名

**4.编写程序**

（1）编写程序把文件frn.txt的数据复制到frn.bak文件中。

（2）把10个float数保存到文件farr.dat中，然后读取第6个数据输出。

## 模块能力评价表

班级________　姓名________　年　月　日

| 核心能力 | 评价指标 | 自我评价（掌握程度） | |
|---|---|---|---|
| | | 基础知识 | 基本技能 |
| 读写文本文件 | ●能使用fgetc()和fputc()读写文件<br>●能使用fscanf()和fprintf()读写文件<br>●会使用rewind()重置读写位置 | ○○○○○<br>○○○○○<br>○○○○○ | ○○○○○<br>○○○○○<br>○○○○○ |
| 读写二进制文件 | ●能描述二进制文件的存储模式<br>●会使用fwrite()写入数据块<br>●会使用fread()读取数据块<br>●会使用fseek()定义读写位置 | ○○○○○<br>○○○○○<br>○○○○○<br>○○○○○ | ○○○○○<br>○○○○○<br>○○○○○<br>○○○○○ |
| 其他 | | | |
| 综合评价： | | | |

NO.6

# 附录

附录为学习C语言编程提供快捷的基础参考。

## 本部分内容涵盖：

- 英文基本字符及ASCII对照表
- C语言标准定义的关键字
- C语言运算符的优先级与结合性
- C语言常用标准库头文件
- C语言常用标准库函数参考

# 附录A　英文基本字符及ASCII对照表

| ASCII值 | 字　符 | ASCII值 | 字　符 | ASCII值 | 字　符 | ASCII值 | 字　符 |
|---|---|---|---|---|---|---|---|
| 0 | NUL：空字符 | 32 | 空格 | 64 | @ | 96 | ` |
| 1 | SOH：标题开始 | 33 | ! | 65 | A | 97 | a |
| 2 | STX：文本开始 | 34 | ″ | 66 | B | 98 | b |
| 3 | ETX：文本结束 | 35 | # | 67 | C | 99 | c |
| 4 | EOT：传输结束 | 36 | $ | 68 | D | 100 | d |
| 5 | ENQ：询问 | 37 | % | 69 | E | 101 | e |
| 6 | ACK：确认 | 38 | & | 70 | F | 102 | f |
| 7 | BEL：响铃 | 39 | ’ | 71 | G | 103 | g |
| 8 | BS：退格 | 40 | ( | 72 | H | 104 | h |
| 9 | HT：水平制表 | 41 | ) | 73 | I | 105 | i |
| 10 | LF：换行 | 42 | * | 74 | J | 106 | j |
| 11 | VT：垂直跳位 | 43 | + | 75 | K | 107 | k |
| 12 | FF：进纸 | 44 | , | 76 | L | 108 | l |
| 13 | CR：回车 | 45 | - | 77 | M | 109 | m |
| 14 | SO：Shift Out/X打开 | 46 | . | 78 | N | 110 | n |
| 15 | SI：Shift In/X关闭 | 47 | / | 79 | O | 111 | o |
| 16 | DLE：数据行退出 | 48 | 0 | 80 | P | 112 | p |
| 17 | DC1：设备控制1 | 49 | 1 | 81 | Q | 113 | q |
| 18 | DC2：设备控制2 | 50 | 2 | 82 | R | 114 | r |
| 19 | DC3：设备控制3 | 51 | 3 | 83 | S | 115 | s |
| 20 | DC4：设备控制4 | 52 | 4 | 84 | T | 116 | t |
| 21 | NAK：否认 | 53 | 5 | 85 | U | 117 | u |
| 22 | SYN：同步空闲 | 54 | 6 | 86 | V | 118 | v |
| 23 | TB：传输块结束 | 55 | 7 | 87 | W | 119 | w |
| 24 | CAN：取消 | 56 | 8 | 88 | X | 120 | x |
| 25 | EM：媒体结束 | 57 | 9 | 89 | Y | 121 | y |
| 26 | SUB：取代 | 58 | : | 90 | Z | 122 | z |
| 27 | ESC：回退 | 59 | ; | 91 | [ | 123 | { |
| 28 | FS：文卷分隔符 | 60 | < | 92 | \ | 124 | \| |
| 29 | GS：组分隔符 | 61 | = | 93 | ] | 125 | } |
| 30 | RS：记录分隔符 | 62 | > | 94 | ^ | 126 | ~ |
| 31 | US：单元分隔符 | 63 | ? | 95 | _ | 127 | DEL |

# 附录B　C语言标准定义的关键字

| | | | |
|---|---|---|---|
| auto | break | case | char |
| const | continue | default | do |
| double | else | enum | extern |
| float | for | goto | if |
| inline | int | long | register |
| restrict | return | short | signed |
| sizeof | static | struct | switch |
| typedef | union | unsigned | void |
| volatile | while | _Alignas | _Alignof |
| _Atomic | _Bool | _Complex | _Generic |
| _Imaginary | _Noreturn | _Static_assert | _Thread_local |

# 附录C　C语言运算符的优先级与结合性

| 优先级 | 运算符 | 名　称 | 结合性 |
|---|---|---|---|
| 1 | ()<br>[]<br>.<br>-> | 括号运算<br>数组索引<br>结构成员限定<br>指针 | 左结合 |
| 2 | ! ~<br>++ --<br>+ -<br>(类型标识符)<br>&<br>*<br>sizeof | 逻辑非、位取反<br>自增自减运算<br>正号、取负运算<br>强制类型转换<br>取变量地址运算<br>指针解引用<br>测试数据字节数 | 右结合 |
| 3 | * / % | 算术乘、除、取模运算 | 左结合 |
| 4 | + - | 算术加、减运算 | 左结合 |
| 5 | << >> | 左、右移位 | 左结合 |

续表

<table>
<tr><th>优先级</th><th>运算符</th><th>名　称</th><th>结合性</th></tr>
<tr><td>6</td><td>< <=<br>> >=</td><td>小于、小于等于关系运算<br>大于、大于等于关系运算</td><td>左结合</td></tr>
<tr><td>7</td><td>== !=</td><td>等于、不等于关系运算</td><td>左结合</td></tr>
<tr><td>8</td><td>&</td><td>位与</td><td>左结合</td></tr>
<tr><td>9</td><td>^</td><td>位异或</td><td>左结合</td></tr>
<tr><td>10</td><td>|</td><td>位或</td><td>左结合</td></tr>
<tr><td>11</td><td>&&</td><td>逻辑与运算</td><td>左结合</td></tr>
<tr><td>12</td><td>||</td><td>逻辑或运算</td><td>左结合</td></tr>
<tr><td>13</td><td>?:</td><td>条件运算</td><td>右结合</td></tr>
<tr><td>14</td><td>=<br>+= -= *= /= %=<br>&= ^= |= <<= >>=</td><td>基本赋值运算<br>复合赋值运算</td><td>右结合</td></tr>
<tr><td>15</td><td>,</td><td>逗号运算</td><td>左结合</td></tr>
</table>

说明：

①同一优先级的运算符，运算次序由结合性决定。例如：*与/具有相同的优先级别，其结合方向为自左至右，因此3*5/4的运算次序是先乘后除；-和++为同一优先级，结合方向为自右至左，因此-i++相当-(i++)。

②不同的运算符要求有不同数目的操作数。例如：+（加）和-（减）为双元运算符，要求在运算符两侧各有一个操作数（如3+5、8-3等）；而++和-（负号）为一元运算符，只能在运算符的一侧出现一个操作数（如-a，i++，--i，sizeof(int)，*p等）。条件运算符是C语言中唯一的三元运算符，如x? a:b。

③从表中可以大致归纳出各类运算符的优先级：（ ）[ ]→一元运算符→算术运算符→ 关系运算符→逻辑运算符→ 条件运算符→赋值运算符→逗号运算符。

## 附录D　C语言常用标准库头文件

| 头文件 | 说　明 |
| --- | --- |
| assert.h | 定义assert和static_assert宏 |
| complex.h | C11标准中的可选头文件，它定义的函数和宏支持复数运算 |
| ctype.h | 定义的函数可以分类和转换字符：isalpha0、isalnum()、isupper()、islower0、isblank()、isspace()、iscntrl()、isdigit()、ispunct()、isgraph()、isprint()、isxdigit(0、tolower()、toupper() |

续表

| 头文件 | 说　明 |
| --- | --- |
| errno.h | 定义报告错误的宏：errno、EDOM、ERANGE、EILSEQ |
| fenv.h | 定义的类型、函数和宏建立了浮点环境 |
| float.h | 定义的宏设置了浮点数的限值和属性 |
| inttypes.h | 扩展了stdint.h，它提供的宏使用fprintf( )和fscanf()格式化输入和输出说明符。每个宏都扩展了一个包含格式化说明符的字符串字面量。这个头文件还包含处理最大宽度整数类型的函数 |
| limits.h | 定义标准整数类型的限值 |
| locale.h | 声明的函数和宏帮助格式化数据，例如不同国家的货币单位、数字分组格式、显示字符编码 |
| math.h | 声明常见的数学函数 |
| setjmp.h | 定义的功能可以绕过通常的函数调用和返回机制 |
| signal.h | 定义的功能可以处理在程序执行过程中出现的条件，包括错误条件 |
| stdalign.h | 定义的宏确定并设置变量在内存中的对齐方式。对齐方式对计算密集型操作的高效执行非常重要 |
| stdarg.h | 定义的功能可以将个数可变的变元传送给函数 |
| stdatomic.h | 定义的功能可以管理多线程程序的执行 |
| stdbool.h | 定义了宏bool、true和false。bool扩展了_Bool,true和false分别扩展了1和0 |
| stddef.h | 声明了标准类型size_t、max_align_t、ptrdiff_t和wchar_t。size_t是一个无符号整型，是sizeof操作符返回值的类型；max_align_t类型的对齐方式与其他得到支持的标量类型相同；ptrdiff_t是一个有符号的整型，表示两个指针之差值的数据类型；wchar_t是一个整型，表示宽字符类型。定义了宏NULL（空指针）和offsetof(type,member)，它可返回结构成员的字节数偏移量 |
| stdint.h | 定义了指定宽度的整型和宏，指定了这些类型的限值 |
| stdio.h | 声明了用于输入输出的宏和函数 |
| stdlib.h | 声明了许多一般用途的函数和宏。它包含了将字符串转换为数值的函数，生成伪随机数的rand()函数，动态分配和释放内存的函数，搜索和排序例程，整数算术函数，以及转换多字节和宽字符串的函数 |
| string.h | 定义处理字符串的函数 |
| tgmath.h | 该头文件包含math.h和complex.h，定义了用于一般数学操作的宏 |
| threads.h | 定义的宏、类型和函数支持编写执行多个线程的程序 |
| time.h | 定义的宏和函数支持日期和时间操作 |
| uchar.h | 定义了处理Unicode字符的类型和函数 |
| wchar.h | 定义了处理宽字符数据的类型和函数 |
| wctype.h | 定义了分类和映射宽字符的函数。包括大小写转换函数towupper()和towlower()，测试大小写函数iswupper()和iswlower() |

# 附录E　C语言常用标准库函数参考

标准库函数是随C语言编译系统提供的一组按C语言标准建议预定义的C语言函数，它们实现了程序设计中经常用到的通用功能。由于库函数经过了严格的测试，因此，使用库函数不但可以提高程序编写的效率，还可以增强程序的可靠性。

1.输入输出函数（stdio.h）

| 函数名 | 函数原型 | 函数功能 |
|---|---|---|
| printf | int printf( const char *format, ...); | 根据format字符串给出的格式打印输出到标准输出设备显示器中。返回打印的字符数，如果发生错误则返回一个负值 |
| scanf | int scanf(const char *format,...); | 根据由format指定的格式从标准输入读取数据，并保存到对应的参数变量中。返回成功赋值的变量数量，发生错误时返回EOF |
| getchar | int getchar(void); | 从标准输入获取并返回下一个字符 |
| gets | char *gets(char *str); | 从标准输入读取字符并把它们加载到str字符串里，直到遇到\n。gets()的返回值是读入的字符串，如果错误返回NULL |
| putchar | int putchar(int ch); | 把ch写到标准输出。返回值是被写的字符，发生错误时返回EOF |
| fopen | FILE * fopen(const char *fname, const char *mode); | 打开由fname指定的文件，并返回一个关联该文件的流。如果发生错误，返回NULL。mode用于决定文件的用途 |
| freopen | FILE *freopen(const char *fname, const char *mode, FILE *stream); | 再分配一个已存在的流给一个不同的文件和方式。返回值是新的文件流，发生错误时返回NULL |
| fclose | int fclose(FILE *stream); | 关闭给出的文件流，释放已关联到流的所有缓冲区。执行成功时返回0，否则返回EOF |
| fscanf | int fscanf(FILE *stream, const char *format, ...); | 以scanf()的执行方式从给出的文件流中读取数据。返回已赋值的变量的个数，如果未进行任何分配时返回EOF |
| sscanf | int sscanf(const char *buffer, const char *format, ...); | 与scanf()类似，只是输入从指定的buffer读取 |
| fgetc | int fgetc(FILE *stream); | 返回文件流中的下一个字符，如果到达文件尾或发生错误时返回EOF |
| fgets | char *fgets(char *str, int num, FILE *stream); | 从文件流中读取num-1个字符并且把它们转储到str字符串中。在到达行末时停止，如果达到num-1个字符或遇到EOF，str将会以NULL结束。fgets成功时返回字符串，失败时返回NULL |

续表

| 函数名 | 函数原型 | 函数功能 |
| --- | --- | --- |
| fread | int fread(void *buffer, size_t size, size_t num, FILE *stream); | 读取num个对象，每个对象大小为size指定的字节数，并把它们替换到由buffer指定的数组。函数的返回值是读取的内容数量 |
| fgetpos | int fgetpos(FILE *stream, fpos_t *position); | 保存文件流的位置指针到给出的位置变量position中。执行成功时返回0，失败时返回一个非零值 |
| fsetpos | int fsetpos(FILE *stream, const fpos_t *position); | 把流的位置指针移到由position对象指定的位置。执行成功返回0，失败时返回非零 |
| rewind | void rewind(FILE *stream); | 把文件指针移到开始处，同时清除和流相关的错误和EOF标记 |
| ftell | long ftell(FILE *stream); | 返回当前的文件位置，如果发生错误返回-1 |
| fseek | int fseek(FILE *stream, long offset, int origin); | 为给出的流设置读写位置 |
| fprintf | int fprintf(FILE *stream, const char *format, ...); | 按指定的格式发送信息到指定的文件。返回值是输出的字符数，发生错误时返回一个负值 |
| sprintf | int sprintf(char *buffer, const char *format, ...); | 与printf()类似，只是把输出发送到buffer中。返回值是写入的字符数量 |
| fputc | int fputc( int ch, FILE *stream); | 把给出的字符ch写到给出的输出流。返回值是字符，发生错误时返回值是EOF |
| fputs | int fputs(const char *str, FILE *stream); | 把str指向的字符写到给出的输出流。成功时返回非负值，失败时返回EOF |
| fwrite | int fwrite(co nstvoid *buffer, size_t size, size_t count, FILE *stream); | 从数组buffer中，写count个大小为size的对象到指定的流。返回值是已写的对象的数量 |
| fflush | int fflush(FILE *stream); | 如果是一个输出流，那么把输出到缓冲区的内容写入文件。如果是输入流，则会清除输入缓冲区 |
| feof | int feof(FILE *stream); | 在到达给出的文件流的文件尾时返回一个非零值 |
| rename | int rename( const char *oldfname, const char *newfname); | 更改文件oldfname的名称为newfname。成功时返回0，错误时返回非零 |
| remove | int remove(const char *fname); | 删除由fname指定的文件。成功时返回0，如果发生错误返回非零 |
| setbuf | void setbuf(FILE *stream, char *buffer); | 设置stream使用buffer，如果buffer是NULL，关闭缓冲 |
| setvbuf | int setvbuf(FILE *stream, char *buffer, int mode, size_t size); | 设置用于stream的缓冲区，其大小为size，mode(方式)可以是: _IOFBF表示完全缓冲、_IOLBF表示线缓冲，_IONBF表示无缓存 |

2.数学函数（math.h）

| 函数名 | 函数原型声明 | 函数功能描述 |
|---|---|---|
| abs | int abs(int num); | 返回参数num的绝对值 |
| fabs | double fabs(double arg); | 函数返回参数arg的绝对值 |
| labs | long labs(long num); | 返回参数num的绝对值 |
| pow | double pow(double base, double exp); | 返回以参数base为底的exp次幂 |
| sqrt | double sqrt(double num); | 返回参数num的平方根 |
| exp | double exp(double arg); | 返回e（2.7182818）的arg次幂 |
| floor | double floor(double arg); | 返回参数不大于arg的最大整数 |
| ceil | double ceil(double num); | 返回参数不小于num的最小整数 |
| fmod | double fmod(double x, double y); | 返回参数x/y的余数 |
| log | double log(double num); | 返回参数num的自然对数 |
| log10 | double log10(double num); | 返回参数num以10为底的对数 |
| sin | double sin(double arg); | 返回参数arg的正弦值，arg以弧度表示给出 |
| cos | double cos(double arg); | 返回参数arg的余弦值，arg以弧度表示给出 |
| tan | double tan(double arg); | 返回参数arg的正切值，arg以弧度表示给出 |
| asin | double asin(double arg); | 返回参数arg的反正弦值，参数arg应当在-1和1之间 |
| acos | double acos(double arg); | 返回参数arg的反余弦值，参数arg应当在-1和1之间 |
| atan | double atan(double arg); | 返回参数arg的反正切值 |
| sinh | double sinh(double arg); | 返回参数arg的双曲正弦值 |
| cosh | double cosh(double arg); | 返回参数arg的双曲余弦值 |
| tanh | double tanh(double arg); | 返回参数arg的双曲正切值 |

3.字符及字符串函数（ctype.h、string.h和stdlib.h）

| 函数名 | 函数原型声明 | 函数功能描述 |
|---|---|---|
| toupper | int toupper(int ch); | 返回字符ch的大写形式 |
| tolower | int tolower(int ch); | 返回字符ch的小写形式 |
| isalnum | int isalnum(int ch); | 参数是数字或字母字符，函数返回非零值，否则返回0 |
| isalpha | int isalpha(int ch); | 参数是字母字符，函数返回非零值，否则返回0 |
| iscntrl | int iscntrl(int ch); | 参数是控制字符，函数返回非零值，否则返回0 |
| isdigit | int isdigit(int ch); | 参数是0~9的数字字符，函数返回非零值，否则返回0 |

续表

| 函数名 | 函数原型声明 | 函数功能描述 |
| --- | --- | --- |
| isgraph | int isgraph(int ch); | 参数是除空格外的可打印字符（可见的字符），函数返回非零值，否则返回0 |
| islower | int islower(int ch); | 参数是小写字母字符，函数返回非零值，否则返回0 |
| isprint | int isprint(int ch); | 参数是可打印字符（包括空格），函数返回非零值，否则返回0 |
| ispunct | int ispunct(int ch); | 如果参数是除字母、数字和空格外可打印字符，函数返回非零值，否则返回0 |
| isspace | int isspace(int ch); | 如果参数是空格类字符（即单空格、制表符、垂直制表符、满页符、回车符、新行符），函数返回非零值，否则返回0 |
| isupper | int isupper(int ch); | 参数是大写字母字符，函数返回非零值，否则返回0 |
| isxdigit | int isxdigit(int ch); | 参数是十六进制数字字符（即A-F，a-f，0-9），函数返回非零值，否则返回0 |
| strcat | char *strcat(char *str1, const char *str2); | 将字符串str2连接到str1的末端，并返回指针str1 |
| strchr | char *strchr(const char *str, int ch); | 返回一个指向str中ch首次出现的位置，当没有在str中找到ch返回NULL |
| strcmp | int strcmp(const char *str1, const char *str2); | 比较字符串str1 and str2，str1<str2返回负数，str1=str2返回零，str1>str2返回正数。 |
| strcoll | int strcoll(const char *str1, const char *str2); | 类似strcmp，比较字符串str1和str2 |
| strcpy | char *strcpy(char *to, const char *from); | 复制字符串from中的字符到字符串to，包括空值结束符。返回值为指针to |
| strlen | size_t strlen(char *str); | 返回字符串str的长度 |
| strstr | char *strstr(const char *str1, const char *str2); | 返回一个指针，它指向字符串str2首次出现于字符串str1中的位置，如果没有找到，返回NULL |
| strtod | double strtod(const char *start, char **end); | 返回带符号的字符串start所表示的浮点型数。字符串end指向所表示的浮点型数之后的部分 |
| strtol | long strtol(const char *start, char **end, int base); | 函数返回带符号的字符串start所表示的长整型数。参数base代表采用的进制方式。指针end指向start所表示的整型数之后的部分。如果返回值无法用长整型表示，函数则返回LONG_MAX或 LONG_MIN，错误发生时，返回0 |

续表

| 函数名 | 函数原型声明 | 函数功能描述 |
| --- | --- | --- |
| atof | double atof(const char *str); | 将字符串str转换成一个双精度数值并返回结果。参数str必须以有效数字开头,但是允许以“E”或“e”除外的任意非数字字符结尾 |
| atoi | int atoi(const char *str); | 将字符串str转换成一个整数并返回结果。参数str以数字开头，当函数从str中读到非数字字符则结束转换并将结果返回 |
| atol | long atol(const char *str); | 将字符串转换成长整型数并返回结果。函数会扫描参数str字符串，跳过前面的空格字符，直到遇上数字或正负符号才开始做转换，而再遇到非数字或字符串结束时才结束转换，并将结果返回 |

4.日期与时间函数（time.h）

| 函数名 | 函数原型声明 | 函数功能描述 |
| --- | --- | --- |
| asctime | char *asctime(const struct tm *ptr); | 将ptr所指向的时间结构转换成如下格式的字符串： "day month date hours:minutes:seconds year\n\0" |
| clock | clock_t clock(void); | 函数返回自程序开始运行的处理器时间，如果无可用信息，返回-1。转换返回值以秒记，返回值除以 CLOCKS_PER_SECOND |
| ctime | char *ctime(const time_t *time); | 函数转换参数time为本地时间格式 |
| difftime | double difftime(time_t time2, time_t time1); | 返回时间参数time2和time1之差的秒数表示 |
| gmtime | struct tm *gmtime(const time_t *time); | 函数返回给定的统一世界时间（通常是格林威治时间），如果系统不支持统一世界时间系统返回NULL |
| localtime | struct tm *localtime(const time_t *time); | 函数返回本地日历时间 |
| mktime | time_t mktime(struct tm *time); | 函数转换参数time类型的本地时间至日历时间，并返回结果。如果发生错误，返回-1 |
| time | time_t time(time_t *time); | 函数返回当前时间，如果发生错误返回0。如果给定参数time，那么当前时间存储到参数time中 |

5.内存管理函数（stdio.h）

| 函数名 | 函数原型声明 | 函数功能描述 |
| --- | --- | --- |
| calloc | void *calloc(size_t num, size_t size); | 函数返回一个指向num数组空间，每一数组元素的大小为size。如果错误发生返回NULL |
| malloc | void *malloc(size_t size); | 函数指向一个大小为size的空间，如果错误发生返回NULL |
| realloc | void *realloc(void *ptr, size_t size); | 函数将ptr对象的储存空间改变为给定的大小size。参数size可以是任意大小，大于或小于原尺寸都可以。返回值是指向新空间的指针，如果错误发生返回NULL |
| free | void free(void *ptr); | 函数释放指针ptr指向的空间，以供以后使用 |

6.系统控制函数（stdlib.h）

| 函数名 | 函数原型声明 | 函数功能描述 |
| --- | --- | --- |
| abort | void abort(void); | 中止程序的执行 |
| atexit | int atexit(void (*func)(void)); | 当程序中止执行时，函数调用函数指针func所指向的函数。可以执行多重调用(至少32个)，这些函数以其注册的倒序执行。执行成功返回0，失败则返回非零值 |
| exit | void exit(int exit_code); | 中止程序的执行。参数exit_code传递给返回值，通常0表示正常结束，非零值表示错误返回 |
| raise | int raise(int signal); | 函数对程序发送指定的信号signal，返回0为成功，非0为失败。signal的取值包括SIGABRT中止错误、SIGFPE浮点错误、SIGILL无效指令、SIGINT用户输入、SIGSEGV非法内存存取、SIGTERM中止程序 |
| rand | int rand(void); | 函数返回一个在0~RAND_MAX的伪随机整数 |
| srand | void srand(unsigned seed); | 设置rand()随机序列种子。对于给定的种子seed，rand()会反复产生特定的随机序列 |
| system | int system(const char *command); | 函数返回给定的命令字符串command进行系统调用。如果命令执行正确通常返回零值。如果command为NULL，system()将尝试是否有可用的命令解释器。如果有返回非零值，否则返回0 |